基因工程实验指南

主　审：洪华珠

主　编：方中明

副主编：阮景军　吕　凯　洪　琦

华中师范大学出版社

内容简介

为适应我国高等教育改革和发展的需要，全面贯彻《国家中长期教育改革和发展规划纲要》，培养新时代高素质生命科学领域人才，在21世纪高等教育规划教材《基因工程》再版之际，编写了配套教材《基因工程实验指南》。本书共10章，主体部分包括基因工程的DNA操作技术、RNA操作技术和蛋白质操作技术，还包括大肠杆菌基因工程操作流程、酵母菌基因工程操作流程、植物基因工程操作流程和动物基因工程操作流程。此外，还提供了基因工程实验入门的常用仪器操作、常用溶液配制、常用数据库和软件介绍等内容，以帮助学生系统掌握基因工程实验技术。

本教材可作为普通高等院校生物、农学、医药类专业本科生和研究生教材，同时也可作为从事该领域相关工作人员的参考书。

新出图证（鄂）字10号

图书在版编目（CIP）数据

基因工程实验指南/方中明主编. —武汉：华中师范大学出版社，2022.5
ISBN 978-7-5622-9761-1

Ⅰ. ①基… Ⅱ. ①方… Ⅲ. ①基因工程—实验—高等学校—教材 Ⅳ. ①Q78-33

中国版本图书馆CIP数据核字（2022）第077574号

基因工程实验指南
© 方中明 主编

责任编辑：鲁 丽	责任校对：王 胜	封面设计：胡 灿	
编 辑 室：高等教育分社		电 话：027-67867364	
出版发行：华中师范大学出版社			
地 址：湖北省武汉市洪山区珞喻路152号		邮 编：430079	
销售电话：027-67861549（发行部）		传 真：027-67863291	
网 址：http://press.ccnu.edu.cn		电子信箱：press@mail.ccnu.edu.cn	
印 刷：湖北新华印务有限公司		督 印：刘 敏	
字 数：170千字			
开 本：787 mm×1092 mm 1/16		印 张：7.25	
版 次：2022年5月第1版		印 次：2022年5月第1次印刷	
印 数：1-2000		定 价：28.00元	

欢迎上网查询、购书

前 言

基因工程是一门实践性很强的科学，不仅要求从事基因工程相关工作的专业人员有深厚的理论基础，还要求其有较强的实践动手能力。本教材紧密配合21世纪高等教育规划教材《基因工程》的理论教学，分为10章介绍基因工程的DNA操作技术、RNA操作技术和蛋白质操作技术，还包括大肠杆菌基因工程操作流程、酵母菌基因工程操作流程、植物基因工程操作流程和动物基因工程操作流程。此外，还提供了基因工程实验入门的常用仪器操作、常用溶液配制、常用数据库和软件介绍等内容，以帮助学生系统掌握基因工程实验技术。所有实验力求在教学过程中使学生真正掌握基因工程涉及的核酸和蛋白质分子的实验技能，且在基因工程多个应用领域对具体实验技术进行逐一介绍，供此领域内不同专业方向本科生和研究生选用，教师可根据实际情况安排实验教学。

本书是贵州大学“农学”国家级一流本科专业建设和“作物学”研究生教学改革的重要成果，更是相关教师多年教学经验的结晶，充分体现了实验内容的逻辑性、系统性和综合性，有利于培养学生的创新性思维和科研动手能力，适合高等院校生物、农学和医药类专业本科生和研究生使用。本书在编写和出版过程中，得到了贵州省研究生教育教学改革重点课题“‘双一流’背景下作物学研究生创新能力培养与实践（黔教合YJSJGKT〔2021〕002）”的资助，还得到了华中师范大学出版社的大力支持，在此表示感谢。

本书由贵州大学方中明教授（第2～7章）、贵州大学阮景军教授（第1章、第9章）、武汉生物工程学院吕凯副教授（第8章）和湖北大学洪琦博士（第10章）共同编写完成，全书由方中明教授负责统稿和修改。编者所在课题组刘杨、吴博文等研究生协助整理了部分实验资料，做了大量细致的工作，在此一并表示感谢。此外，本书还得到了华中师范大学洪华珠教授、武汉生物工程学院董妍玲教授和贵州医科大学胡祖权教授的亲切指导，在此表示衷心的感谢。由于基因工程技术发展迅速，编者水平有限，书中难免存在不当之处，敬请广大读者批评指正！

编　者

2022年1月

目　录

第1章 基因工程实验入门

基因工程，是在分子生物学和分子遗传学综合发展的基础上，于20世纪70年代诞生和发展起来的一门崭新的生物技术科学。基因工程技术是20世纪科学技术最具革命性的成就之一，开创了人类认识自然、改造自然的新纪元，为人类创造了巨大的财富，解决了农业、工业和医学等多个领域的重大问题。基因工程已成为生物技术的核心技术，是《国家中长期科学和技术发展规划纲要（2006—2020年）》中优先发展的前沿技术领域之一。本章重点介绍基因工程的常用仪器，包括离心机、PCR仪、电泳仪和凝胶成像系统的使用，还介绍基因工程的最常用工具——微量移液器的使用，以及基因工程实验中的常见注意事项，为后续更好地掌握基因工程技术打下坚实的基础。

1.1 常用仪器介绍

1.1.1 离心机

离心机是利用转子高速旋转产生的强大离心力，分离液体与固体颗粒或液体混合物中各组分的机器，在基因工程实验中常用于微量样品的快速分离。由于离心机转速较快，产生的离心力大，是对样品溶液中悬浮物质进行高纯度分离、浓缩、精制，提取各种样品的有效制备仪器，广泛用于生物、化学、医药等教学科研和生产部门，也是基因工程实验中使用频率最高的仪器之一。离心机基本操作参数包括离心力、时间和温度。

（1）离心力：离心力指物体在高速旋转过程中所受到的一种力，使用离心机时一般用相对离心力（relative centrifugal force，RCF）表示。相对离心力的大小与离心机转子半径有关，在实验中也会用转速代替离心力。转速表示离心机转子每分钟旋转的圈数，单位为转/分（revolutions per minute，$r \cdot min^{-1}$），转速的大小决定离心力的大小。

离心力和转速之间的转换关系为 $RCF = 1.119 \times 10^{-5} \times n^2 \times r$（$n$ 为转速：$r \cdot min^{-1}$；r 为离心半径：cm）（如图1-1所示）。由于离心管的位置由转子决定，因此 r 值的大小必须查阅相关转子的参数。实验中，离心力的选择与离心材料、分离目的和离心管的承受能力有关。

（2）时间：离心时间和离心力是离心实验中最重要的两个参数，离心时间的长短也决定了样品分离的效果。离心时间一般为倒计时设计，设置好离心时间，机器启动计时开始，倒计时结束后机器停止运行。计时方法存在两种形式，启动即倒计时和转速达到设置值时开始倒计时，使用时可根据需要灵活选择。

（3）温度：为满足实验中样品对低温环境的要求，很多离心机会配有降温系统，

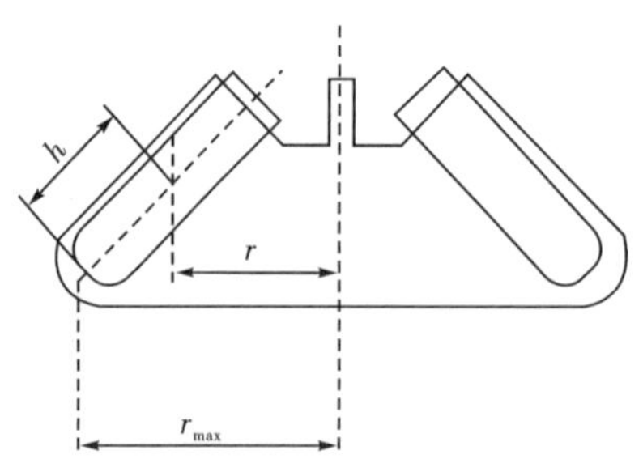

图 1-1　离心机半径计算示意图

使用时可以运行机器进行预冷，一般带有制冷功能的离心机还会有一键制冷（fast temperature）按钮，设置好离心机参数后，可以使用此按钮快速制冷。

常见离心机有迷你离心机、常温离心机、高速冷冻离心机等，如图 1-2 所示。

迷你离心机

常温离心机

高速冷冻离心机

图 1-2　常见离心机

1. 离心机的常用操作方法

（1）离心机应放置在水平坚固的地板或平台上，并力求使机器处于水平位置以免离心时造成机器震动。

（2）打开电源开关，按要求安装上所需的转头，固定转头的离心机不需要更换。

（3）按功能选择键，设置各项要求，如温度、速度、时间、加速度及减速度，带电脑控制的机器还需按储存键，以便记忆输入的各项信息。冷冻离心机可先关闭机盖进行预冷。

（4）平衡好的样品放置于转头样品架上。离心大容量样品时，装离心管的离心筒须与样品同时平衡，且关闭机盖。超速离心时必须严格配平。

配平时应注意：

（1）只有一个 EP 管离心时，需要另外备一个 EP 管装等体积的水，摆放在转子对称轴的两端。有两个 EP 管需要离心且管内溶液体积基本相等时，可直接离心；若两管溶液体积相差过大，则需要另外备两个 EP 管分别装等体积的水，再进行离心，总之要保持离心机转子的重心在中心点上，如图 1-3 所示。

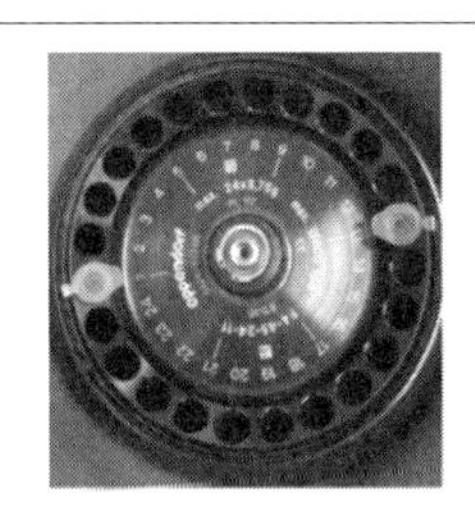
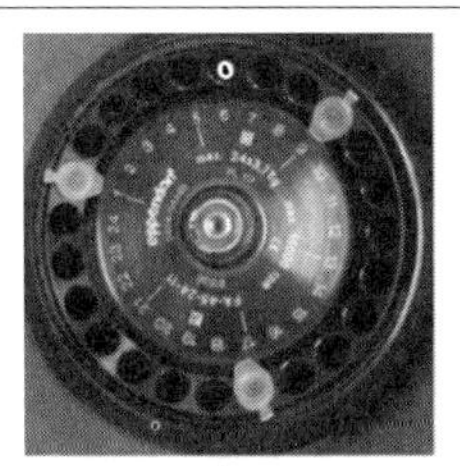
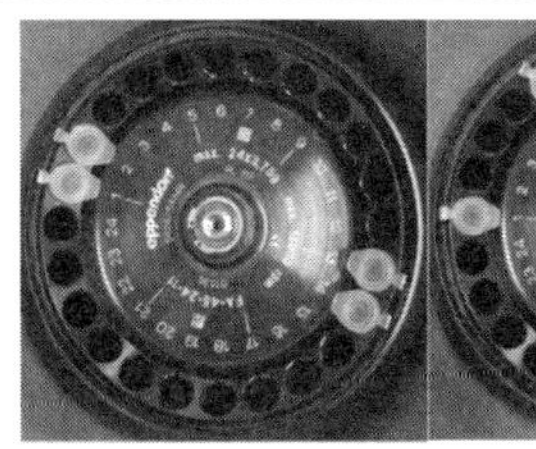
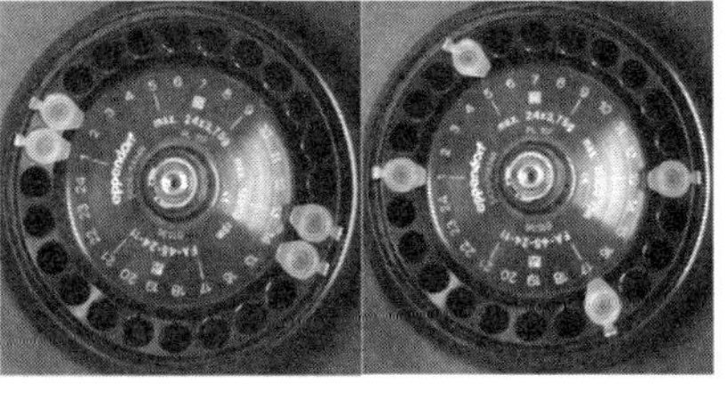

图 1-3　常见离心机配平图

（2）实验室有两种水平吊篮，一种用来离心 PCR 板，其配平方式与工作板转子一样。另一种用来离心离心管或采血管，适用于 15 mL 和 50 mL 两种规格，同样使用托盘天平进行配平。将离心管与配平管置于天平的两端，通过增减配平管中的水体积来达到平衡。在组装离心管吊篮时需要注意对称问题，吊篮中的离心孔必须呈中心对称。在放置离心管时也需要注意，将管放置在中心对称的两个离心孔中，如图 1-4 所示。

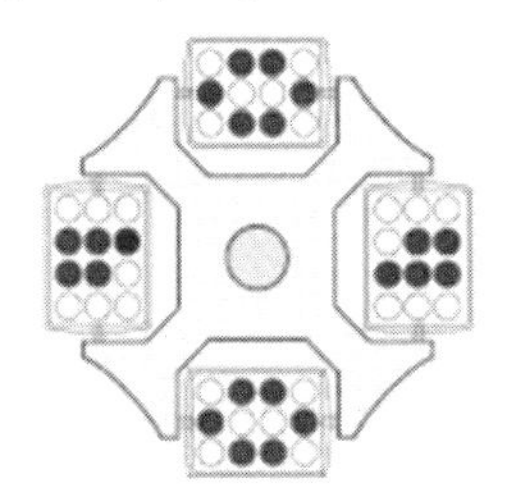

图 1-4　吊篮配平示意图

（5）按启动键，离心机将按参数进行运作，到预定时间自动关机。

（6）待离心机完全停止转动后打开机盖，取出离心样品，用柔软干净的布擦净转头和机腔内壁，冷冻离心机需待离心机腔内温度与室温平衡后盖上机盖。

2. 离心机使用的注意事项

（1）开机前应检查转头安装是否牢固，机腔内有无异物。

（2）样品应预先平衡，使用离心筒离心时离心筒与样品应同时平衡。

（3）挥发性或腐蚀性液体离心时，应使用带盖的离心管，并确保液体不外漏，以免腐蚀机腔或造成事故。

（4）冷冻离心机转子更换前要保证转子温度和转轴之间的温差在 20 ℃以内。

（5）离心机运行时不要倚靠在离心机上，离心机周边不应放置杂物。

（6）使用完毕后清理离心机腔，擦拭冷冻离心机腔时动作要轻，以免损坏机腔内温度感应器。

（7）每次操作完毕应做好使用情况记录，并定期对机器各项性能进行检修。

（8）离心过程中若发现异常现象，应立即关闭电源，报管理人员检修。

3. 离心机其他操作小知识（以 Eppendorf 系列离心机为例）

（1）Short 键：瞬时离心键，长按此键则持续运行瞬时离心。

（2）Fast Temp 键：快速冷冻键，可快速达到设定温度。

注意：冷冻离心机盖子关闭后即开始制冷，若关盖时间超过 8 h，离心功能将关闭，屏幕显示 Standby off。

（3）软启动/软停止功能：按 Time 键，直至斜坡状标志线闪烁。可调 0～9 级加减速时间，表示离心时加速度的大小。

（4）Start/Stop 键：单次点击结束或运行仪器，长按 4s 激活和关闭定速计时功能。

（5）Prog 键：程序预设键，仪器不运行时可预设程序，1～9 为可调程序，A～Z 为固定程序。按 Prog 两次，屏幕显示 P…，按参数键编辑数据，再长按 Prog 键 2 s 显示 OK，表明已储存程序，储存新程序前需删除旧程序。运行时同时按 Time 键和 Prog 键可显示当前程序信息。按此键一次，闪烁显示程序号码，再按住 10 s，显示 Clear，表明该程序已清除。同时按上下键可退出已选定的程序。

（6）Time 键和 Speed 键：开关报警信号，同时按下 Time 键和 Speed 键，Alarm on 和 Alarm off 交替显示。

1.1.2 PCR 仪

PCR 扩增仪，是利用聚合酶链式反应（polymerase chain reaction，PCR）技术对特定 DNA 扩增的一种仪器设备，被广泛运用于生物学实验中，例如用于判断生物体中是否会表现某遗传疾病的图谱、传染病的诊断、基因复制以及亲子鉴定等。PCR 仪的设计初衷是完成聚合酶链式反应，但 PCR 仪在实验中的运用很广泛。PCR 仪的主要操作参数为温度、时间和循环数。

PCR 仪的控温系统有两个，一个是反应槽温度，另一个是仪器顶盖温度（热盖温度）。反应槽温度可根据实验要求设定，而热盖温度一般会固定为 105 ℃。热盖的主要作用是防止反应液预热蒸发，之后凝结在 PCR 管顶部，所以热盖温度一般要高于各个反应程序的温度。如果 PCR 仪没有设置热盖温度，也可以在 PCR 反应混合液的上层加矿物油或石蜡油。石蜡油不仅有防止液体蒸发的作用，还会对 PCR 反应体系内各组分（如引物与模板）在反应液加热变性前产生阻隔效应。这种阻隔效应对防止 PCR 反应的开始阶段引物的非特异性结合有重要作用。常见 PCR 仪有龙胜（国产）、Bio-Rad、illumina 等品牌，如图 1-5 所示。

龙胜（国产）PCR 仪

Bio-Rad PCR 仪

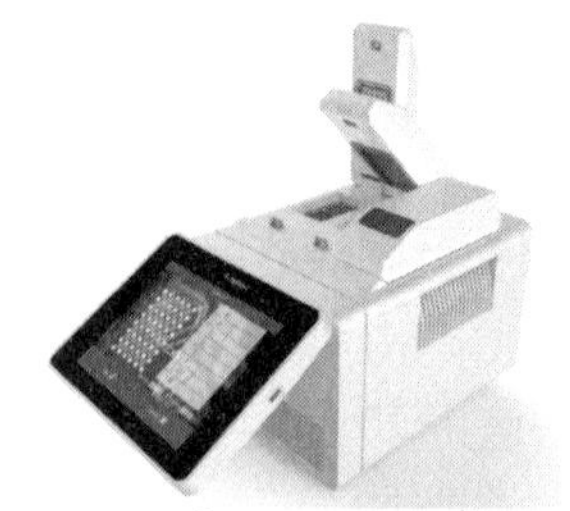

illumina PCR 仪

图 1-5　常见 PCR 仪

PCR 仪操作的注意事项：

（1）PCR 仪需要定期检测，视制冷方式而定，一般至少半年应检测一次。

（2）PCR 反应的要求温度与实际分布的反应温度不一致时，如检测发现各孔平均温度差偏离设置温度大于 1 ℃～2 ℃时，可以运用温度修正法纠正 PCR 实际反应温度差。

(3) PCR反应过程的关键是升、降温过程的时间控制，要求越短越好，当PCR仪的降温过程超过60 s，就应该检查仪器的制冷系统，对风冷制冷的PCR仪要较彻底地清理反应底座的灰尘；对其他制冷系统应检查相关的制冷部件。

1.1.3 电泳仪

电泳仪是基因工程实验中常用的电泳分析仪器，主要由电泳仪和电泳槽两部分组成。所谓电泳，是指带电粒子在电场中的运动，不同物质的颗粒在电场中的移动速度除与其带电状态和电场强度有关外，还与缓冲液的pH值和离子强度、颗粒的构型和分子质量有关。基因工程实验中使用的生物大分子物质主要为核酸和蛋白质，核酸本身带负电，在直流电场受到电极吸引而向正极移动。蛋白质由于氨基酸的多样性所带电荷不确定，但可以通过试剂处理（如SDS处理）后使其带负电，电泳时向正极移动。

因此，在相同的电泳缓冲液和恒定的电压条件下，核酸或蛋白质在电场中的运动速度主要取决于分子构型和分子量大小。据此，可以根据电泳后位移大小分离不同物质，或将一定混合物进行组分分析或单个组分提取制备，这也是基因工程实验中分离不同大小分子量的核酸和蛋白质的最简单、最常用的一种方法。电泳仪的主要参数为电压、电流、功率。

低电压条件下，线性DNA片段的迁移速率与所用电压成正比，电压越高则带电颗粒泳动越快。但随着电场强度的增加，DNA片段越大，因场强升高引起的迁移率升高难度也越大。因此，凝胶电泳分离DNA的有效范围会随着电压上升而减少，为了获得DNA片段的最佳分离效果，电场强度应设置在5～10 $V \cdot cm^{-1}$。

缓冲液的组成和离子强度直接影响迁移率。核酸电泳时常用的缓冲液有醋酸盐（TAE）电泳缓冲液与硼酸盐（TBE）电泳缓冲液，常配5×浓缩母液保存于室温下，使用时用蒸馏水10倍稀释即得到0.5×TAE或TBE。TAE缓冲能力弱，长时间电泳时，缓冲能力逐渐丧失，需要经常更换缓冲液。TBE缓冲能力较强，可重复使用。TAE缓冲液在DNA片段及基因组DNA杂交时常用，而TBE适合于鉴定、分离短小的DNA片段。当电泳液为蒸馏水时（如不慎忘记在凝胶中加入缓冲液，或误用蒸馏水配制凝胶），溶液的导电性很小，DNA几乎不泳动；而在高子强度下（如错用10×电泳缓冲液），导电性极强，带电颗粒泳动很快，并产生大量的热，有时甚至会熔化凝胶或使DNA变性。

而甘氨酸-Tris（三羟甲基氨基甲烷）一起组成电泳缓冲液可以稳定电泳过程中的pH值。蛋白电泳制胶缓冲液使用的是Tris-HCl缓冲系统，浓缩胶pH值为6.7，分离胶pH值为8.9。电泳缓冲液使用的是Tris-甘氨酸缓冲系统，在浓缩胶中，其pH环境呈弱酸性，甘氨酸解离很少，其在电场的作用下，泳动效率低，而制胶所用的溶液的氯离子却很高，两者之间形成导电性较低的区带，蛋白分子就介于二者之间泳动。由于导电性与电场强度成反比，这一区带便形成了较高的电压梯度，压着蛋白质分子聚集到一起，浓缩为一狭窄的区带。而当样品进入分离胶后，由于胶中pH值的增加而呈碱性，甘氨酸大量解离，泳动速率增加，直接紧随氯离子之后，同时由于分离胶孔径的缩小，在电场的作用下，蛋白分子根据其固有的带电性和分子

大小进行分离。

1. 电泳仪的主要操作步骤

常见电泳设备外观及内部构造如图 1-6 所示。电泳仪的使用方法根据品牌型号的不同而有所不同，但大体原理是一样的，主要操作步骤为：

（1）电泳槽内添加电泳缓冲液，放置好样品。

（2）用导线将电泳槽的电极与电泳仪的直流输出端连接起来，注意极性，不要接反，相同颜色端一一对应。

（3）打开电泳仪电源开关，根据工作需要选择稳压稳流方式及电压电流范围，调节电压或电流大小。

（4）设定电泳终止时间，此时电泳即开始进行。

（5）工作完毕后，应将各旋钮、开关旋至零位或关闭状态，并拔掉插头。

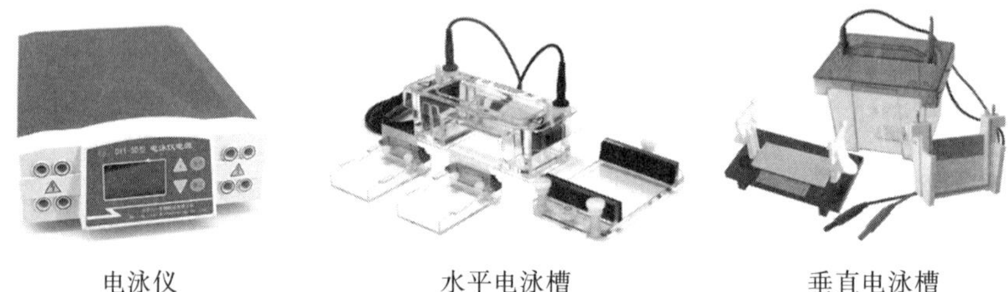

电泳仪　　水平电泳槽　　垂直电泳槽

图 1-6　常见电泳设备

2. 电泳时的注意事项

（1）进行电泳实验时电压一般较高，电泳仪通电进入工作状态后，禁止人体接触电极、电泳物及其他可能带电部分，也不能到电泳槽内取放东西，如需要取放东西应先断电，以免触电。同时，要求仪器必须有良好接地端以防漏电。

（2）仪器通电后，不要临时增加或拔除输出导线插头，以防发生短路现象。

（3）由于不同介质支持物的电阻值不同，电泳时所通过的电流量不同，其泳动速度及泳至终点所需时间也不同，故不同缓冲液体系的电泳不要同时在一台电泳仪上进行。

（4）使用过程中发现异常现象，如噪声较大、放电或产生异常气味，须立即切断电源，进行检修，以免发生意外事故。

1.1.4　凝胶成像系统

凝胶成像系统是对 DNA、RNA 和蛋白质等凝胶电泳结果染色后（如 EB、考马斯亮蓝、银染、SYBR Green）进行拍照、成像检测分析的仪器。凝胶成像系统可以应用于分子量计算、PCR 定量等常规研究。样品在凝胶电泳时迁移率不一样，电泳过后在凝胶上的迁移距离也不一样。电泳后的凝胶进行染色，染色后的样品对投射或者反射光有部分的吸收，从而照相所得到的图像上面的样品条带的光密度就会有差异。光密度与样品的浓度或者质量呈线性关系。以已知分子量大小或浓度的标准品作为参照物，根据未知样品在图谱中的位置和光密度就可以对其进行分析，进而确定它的成分和性质，这就是图像分析系统的基础原理。采用最新技术的紫外透射光源和白光透射光源使光的分布更加均匀，最大限度地消除了光密度不均对结果造成的影响。

凝胶成像系统主要的参数为光源和曝光时间。

基因工程实验中，核酸琼脂糖凝胶的观察常用的染料是溴化乙锭（ethidium bromide，EB)，观察时使用透射紫外光源，激发波长为 302 nm，镜头滤光片为 595 nm。蛋白聚丙烯酰胺凝胶的观察常用的染料是考马斯亮蓝（coomassie brilliant blue）和银染（silver stain)，观察时使用透射白光光源，镜头滤光片 595 nm。常见的光源为：

（1）透射紫外：可激发多种荧光染料，光源波长 302 nm 或 365 nm 是常用的激发光源。

（2）反射紫外：紫外反射灯源使用并不广泛，主要是根据非透明材质的 DNA 跑胶载体，如纸层析等的成像需要而使用。比较常用的还是透明的琼脂糖凝胶与聚丙烯酰胺凝胶，透射光源完全可以满足，因此凝胶成像中通常将紫外反射光源作为选配件不列入标配中，光源波长 254 nm 或 365 nm。

（3）透射白光：用于可见光样品拍摄，例如蛋白样品胶的考马斯亮蓝或银染后的观察。

（4）反射白光：用于样品的定位和聚焦。

曝光时间是指从快门打开到关闭的时间间隔，在这一时间内，物体可以在底片上留下影像。曝光时间长的话则进的光就多，照片就较为明亮，适合染色较浅或背景色较深的情况下拍照。曝光时间短则适合样品含量较高或染色较深的情况。电泳拍照示意图如图 1-7 所示。

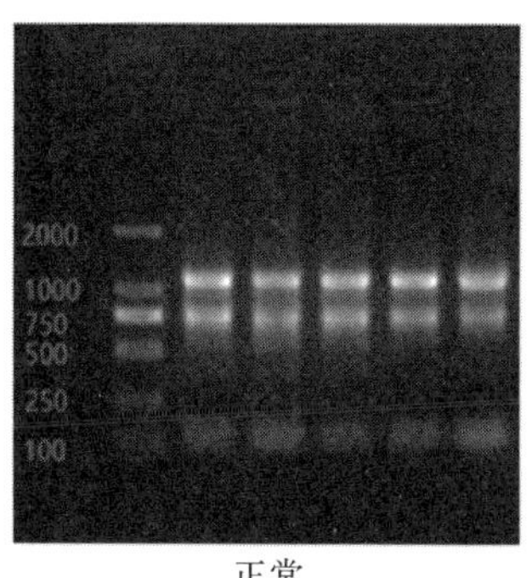

正常

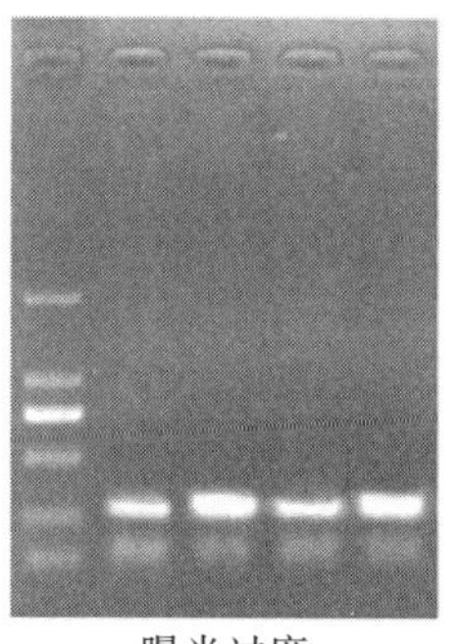
曝光过度

图 1-7　电泳拍照示意图

1. 凝胶成像系统常见的操作过程（以 Quantity One 为例）

（1）打开成像仪器电源，将样品放入工作台。

（2）双击桌面上图标，打开 Quantity One 软件。

（3）从 File 下拉菜单中选择 ChemiDox XRS，打开图像采集窗口。

（4）Select Application 选择相关应用：

UV Transillumination 透射 UV：针对 DNA EB 胶或其他荧光。

White Transillumination 透射白光：针对透光样品如蛋白凝胶、X 光片。

White Extermination 侧面白光：针对不透光样品或蛋白凝胶。

Chemiluminescnece 化学发光：不打开任何光源。

（5）单击 Live/Focus 按钮，激活实时调节功能，此功能有三个上下键按钮——IRIS（光圈）、ZOOM（缩放）、FOCUS（聚焦），可在软件上直接调节或在仪器面板上手动调节。调节步骤：调节 IRIS 至适合大小，点 ZOOM 将胶适当放大，调节 FOCUS 至图像最清晰。

（6）如是 EB 染色的胶或其他荧光，单击 Auto Expose，系统将自动选择曝光时间成像，如不满意，单击 Manual Expose，并输入曝光时间（s），图像满意后保存。

（7）如是蛋白凝胶，接步骤（5）直接保存清晰的图像即可；如是化学发光样品，将滤光片位置换到 Chemi 位（仪器上方右侧），将光圈开到最大，单击 Manual Expose 输入时间，可对化学发光的弱信号进行长时间累积（如 30 min），或单击 Live Acquire 进行多帧图像实时采集，在对话框内定义曝光时间长短，采集几帧图像，在采集的多帧图像中选取满意的保存。

2. 凝胶成像系统（如图 1-8 所示）操作注意事项

（1）请勿将潮湿样品长期放在暗箱内，以防腐蚀滤光片，更不要将液体溅到暗箱底板上，以免烧坏仪器主板。

（2）使用后将平台擦干净，切胶时在平台上垫上保鲜膜，以防划损平台。

（3）仪器使用完后请及时关闭电源。

（4）只有在进行化学发光实验时才需要提前打开冷 CCD 预热 30 min 再使用，其他操作无需预热。

图 1-8　凝胶成像系统

1.2　移液器的使用

移液器又称移液枪（pipette），是一种用于定量移取少量或微量液体的工具，是基因工程实验中使用最频繁的辅助工具。移液器最早出现于 1956 年，由德国生理化学研究所的科学家 Schnitger 发明，1958 年，其在德国的公司开始生产按钮式微量加样器，成为世界上第一家生产微量加样器的公司。移液器的吸液范围一般在 1～1000 μL 之间，适用于常规实验室。微量加样器的发展不但使加样更为精确，而且品种也多种多样，如微量分配器、多通道微量加样器等，其加样的物理学原理为使用空气垫

（又称活塞冲程）加样和使用无空气垫的活塞正移动（positive displacement）加样两种。这两种不同原理的移液器有不同的特定应用范围。常见的移液器结构见图 1-9。

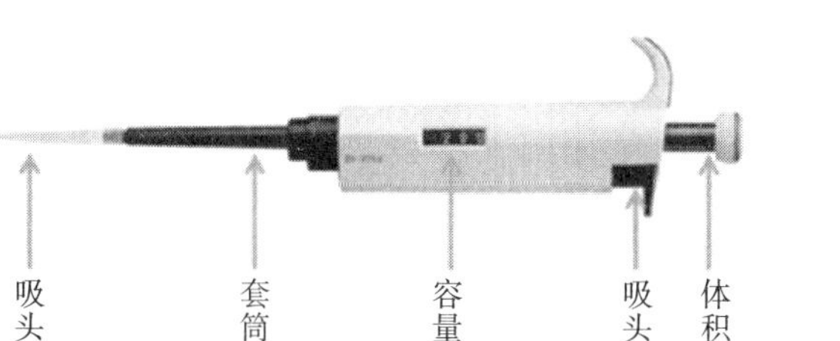

图 1-9　常用移液器结构

1.2.1　移液器的使用过程

（1）样品准备。使用移液器吸取样品时应尽量保证样品液体温度和室温接近。若液体温度大于室温，吸取体积偏大；若液体温度小于室温，吸取体积偏小。

（2）设定吸取量。使用移液器前应先根据实验需要选择相应的量程，常见移液器量程范围见表 1-1，常用移液器吸头如图 1-10 所示。选定移液器后，旋转体积调节旋钮至需要移取的体积。

表 1-1　常见移液器量程范围

序号	量程	最大吸液量	精度	配套吸头
1	0.2～2 μL	2 μL	0.001 μL	10 μL
2	0.5～10 μL	10 μL	0.01 μL	10 μL
3	2～20 μL	20 μL	0.1 μL	200 μL
4	5～50 μL	50 μL	0.2 μL	200 μL
5	10～100 μL	100 μL	0.5 μL	200 μL
6	20～200 μL	200 μL	0.5 μL	200 μL
7	100～1000 μL	1000 μL	1 μL	1000 μL
8	0.5～5 mL	5 mL	5 μL	5 mL
9	1～10 mL	10 mL	10 μL	10 mL

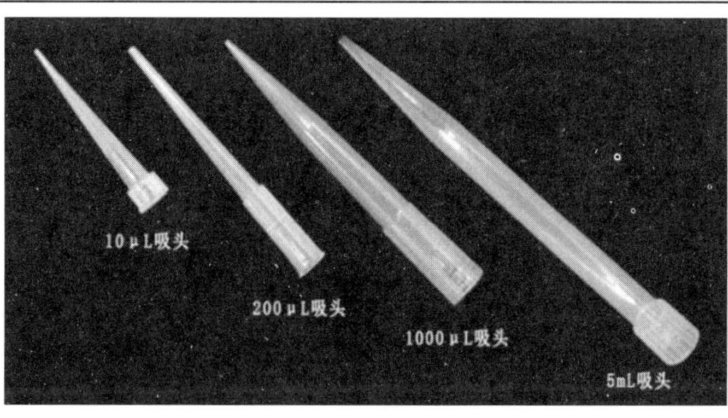

图 1-10　常用移液器吸头

(3) 安装枪头。将移液器前端垂直插入吸头，左右微微转动，上紧即可，切勿上下用力，如图 1-11 所示。

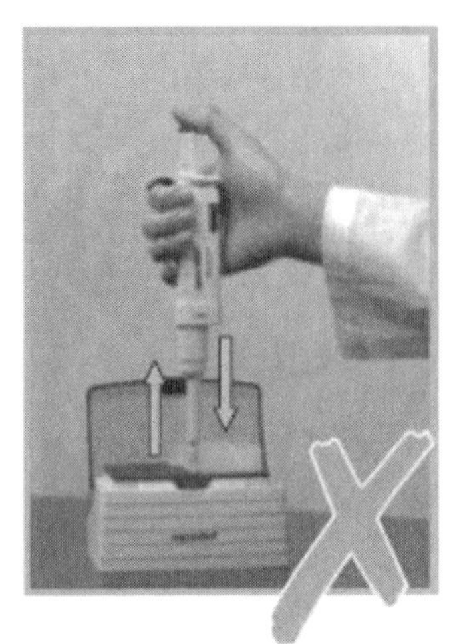

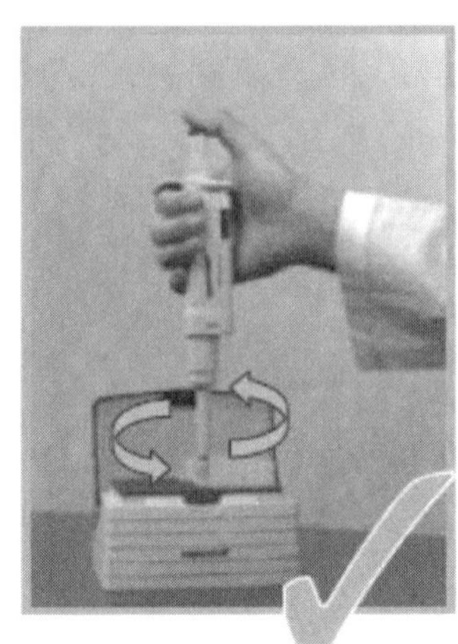

图 1-11　移液器吸头装取示意图

(4) 吸液放液。垂直吸液，吸头浸入液面 2～4 cm。常用吸液方式有两种：正向吸液和反向吸液，如图 1-12 所示。正向吸液适用于一般液体，反向吸液适用于较黏稠液体或易挥发液体，反向吸液法吸取的液体体积较为精确，也更适用于微量加液。

正向吸液操作：将移液器按钮压至第一挡位；将吸头浸入液面 2 cm，缓慢释放按钮使其滑回原位，这将使液体充满吸头；将吸头从液体中取出，接触容器边缘去掉多余液体；吸头贴到接收容器内壁保持 10°～45°倾斜，平稳地轻按按钮至第二挡位，打尽吸头内液体；按弹射器退掉吸头，松开按钮到准备位置。

反向吸液操作：将移液器按钮压至第二挡位；将吸头浸入液面 2 cm，缓慢释放按钮使其滑回原位，这将使液体充满吸头；将吸头从液体中取出，接触容器边缘去掉多余液体；吸头贴到接收容器内壁保持 10°～45°倾斜，平稳地轻按按钮至第一挡位点放液；保持在这个位置，一些液体会残留在吸头中不能被放出，将残留在吸头内的液体同吸头一起丢弃；松开按钮到准备位置。

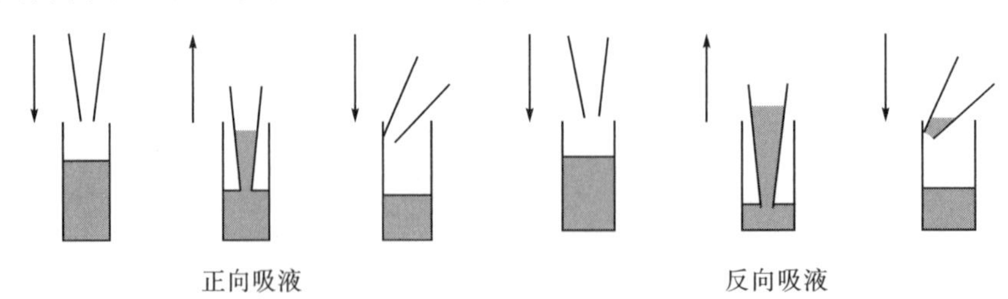

图 1-12　常见吸液方式示意图

(5) 使用完毕。使用完毕后将移液器刻度调至最大量程，让弹簧恢复原形，可以延长移液器的使用寿命。

1.2.2　移液器使用的注意事项

(1) 移液器不能吸取有腐蚀性的液体，如强酸、强碱等。

（2）移液器要轻拿轻放，不用时放于存放移液器的架子上，不要随身携带。

（3）吸液时速度不要过快，要缓慢释放，不然容易产生气泡或将液体吸入枪体。

（4）如有液体进入枪体，应及时擦干。

（5）定期对移液器进行校准。

1.3 基因工程实验注意事项

基因工程实验由于技术要求较高，想要获得良好的实验结果，首先要求学生热爱实验本身。在弄懂实验原理的前提下，认真思考实验的每个环节，耐心地对待实验中的每个步骤。其次是实验时保持严谨求实的精神。在对实验不熟悉的情况下，严格按照实验说明进行操作，注意实验的每一个细节，做好实验过程和结果的全部记录。此外，还要求学生有良好的心态。因为科学实验很难一蹴而就，每一个完整的实验结果，都需要在实验过程中不断完善。要学会体验实验结果带来的乐趣，良好的心态有利于找出实验失败的原因，这也是深入开展科学研究的基础。以下是进行基因工程实验时需要引起注意的十个事项：

（1）进入实验室进行实验操作前，需熟悉实验原理，准备好实验所需的仪器、药品和耗材，熟悉实验操作的每一个细节。

（2）使用仪器设备和实验药品时，要严格遵守操作规程和实验室规章制度，设备、药品存放应做到整洁有序。爱护仪器设备，节约实验材料。

（3）实验过程中一般需要穿实验服。进行有毒、有害、有刺激性物质或有腐蚀性物质操作时，应在通风橱操作，并戴好防护手套。

（4）由于实验过程中可能使用有毒物质，必须全程戴手套，在特定的区域内完成，不要将有毒物质及手套等杂物带出工作区。

（5）实验产生的工作废液，应在实验室工作人员的指导下妥善处理，尤其是剧毒或强致癌物，需要倒入专门的废液缸或回收桶，且要注意不同的废液分类处理。

（6）实验前需要熟悉仪器设备的使用方法，实验中需要做好仪器设备的使用记录，实验结束需要检查仪器是否完好。如遇仪器设备损坏，要及时报告和登记。

（7）实验室操作时，应保持安静，不要大声喧哗。保持实验室仪器、台面和地面等区域的卫生，不要在实验室内吃东西、随地吐痰等。

（8）实验结束后，应做好实验结果的详细记录，有问题时，需记录详情，以备下次改进。及时清理实验台面，所有物品归位，保持实验室整洁。

（9）所有实验完毕，应检查仪器的使用情况。如不再使用，应及时关闭电源、水源、气源和门窗等。

（10）实验室如发生各种意外，有经验处理时应立即采取必要措施进行处理，如遇到无法处理的情况，应及时报告实验室负责人、值班人员，必要时应及时报警。

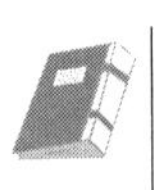

第2章　DNA操作技术

基因工程技术是关于生物大分子核酸和蛋白质的操作技术。脱氧核糖核酸（deoxyribo nucleic acid，DNA）作为最重要的遗传物质，在生命活动中扮演了最重要的角色。近年来，基因组测序、功能基因组研究以及表观遗传和基因编辑技术的发展，使得基因组研究进入了快速发展阶段。因此，在基因工程技术中，掌握常见的DNA操作技术显得格外重要。本章介绍了常见的DNA操作技术中的基因组DNA的提取、质粒DNA的提取、PCR扩增技术、琼脂糖凝胶电泳及DNA的胶回收和Southern印迹杂交，以期帮助学生快速进入基因工程技术中关于核酸的操作。

2.1　基因组DNA的提取

2.1.1　实验目的

（1）掌握CTAB法抽提植物基因组DNA的操作步骤。

（2）获得较为纯净的DNA，为后续实验操作提供材料。

2.1.2　实验原理

无论是原核还是真核生物的基因组DNA，在细胞中都以与蛋白质结合的状态存在，不利于对DNA进行操作和分析，因此必须将DNA与细胞中其他成分分离纯化，排除蛋白质、脂类、糖类等其他分子的污染。提取真核生物基因组DNA的方法总体上由两部分组成：先温和裂解细胞及溶解DNA，使DNA与组蛋白分离，完整地以可溶形式独立分离出来，接着采用化学或酶学方法去除蛋白质、RNA及其他分子。

植物基因组DNA提取的常用方法是CTAB法。CTAB（cetyl trimethyl ammonium bromide）全名十六烷基三甲基溴化铵，是一种阳离子去污剂。CTAB能够溶解细胞膜和核膜，释放出基因组DNA，同时在高浓度氯化钠溶液中，基因组DNA溶解在上清中。经过酚和氯仿抽提去除蛋白质和多糖等杂质，再用异丙醇/无水乙醇沉淀上清并离心，可以获得基因组DNA沉淀，后经过酒精洗涤、风干等步骤获得植物基因组DNA。提取出来的基因组DNA可用于构建基因组文库、Southern杂交及PCR分离基因等。

2.1.3　实验用品

实验材料：水稻叶片。

实验试剂和耗材：

（1）CTAB提取缓冲液：CTAB 4 g、NaCl 16.36 g、1 mol・L^{-1} tris-HCl（pH＝8.0）20 mL、0.5 mol・L^{-1} EDTA（pH＝8.0）8 mL，定容到200 mL，高压蒸

汽灭菌后，加入β-巯基乙醇 2 mL。

（2）氯仿（三氯甲烷），异戊醇，异丙醇，双蒸水（double-distilled water，ddH_2O），70%酒精，液氮，2 mL 离心管，1.5 mL 离心管，移液器吸头，研钵，镊子，药勺。

实验仪器：移液器、台式高速离心机、恒温水浴锅、高压蒸汽灭菌锅。

2.1.4 实验步骤

（1）CTAB 提取缓冲液在 65 ℃预热（CTAB 在低于 15 ℃的环境中会沉淀析出，使用前必须预热），异丙醇在−20 ℃预冷，ddH_2O 在 35 ℃预热，配制氯仿∶异戊醇（24∶1）试剂。

（2）剪取适量水稻叶片置于研钵中，加入液氮迅速研磨成粉末。

（3）使用液氮预冷的药勺快速将研磨好的粉末 200～500 μL 加入 2 mL 离心管中，做好标记。

（4）每管样品加入预热的 CTAB 提取缓冲液 750 μL。

（5）用力混匀，65 ℃水浴 45 min，其间摇晃 2～3 次。

（6）取出样品，每管加入等体积的氯仿∶异戊醇（24∶1）溶液，随后 12000 $r \cdot min^{-1}$ 离心 10 min。

（7）吸取上清液约 500 μL，转移至新的 1.5 mL 离心管中，做好标记。

（8）加入异丙醇（−20 ℃预冷处理）500 μL，随后放置于−20 ℃冰箱静置 20 min。

（9）12000 $r \cdot min^{-1}$ 离心 10 min 沉淀 DNA，倒掉废液。

（10）加入 70%酒精 800 μL，晃起 DNA 沉淀漂洗 1 min，后 12000 $r \cdot min^{-1}$ 离心 5 min，倒掉废液。

（11）晾干管壁上多余的液体后，加入已 35 ℃预热的 ddH_2O 50～100 μL 溶解 DNA 沉淀（根据需要可在溶液中加入 RNA 酶进一步除去 RNA）。制备好的 DNA 溶液放入−20 ℃或−80 ℃冰箱储存备用。

2.1.5 常见问题及处理方法

DNA 提取常见问题及处理方法见表 2-1。

表 2-1 DNA 提取常见问题及处理方法

问题现象	可能原因	解决办法
氯仿抽提后上清绿色	取样太多	1. 样品取样适量 2. 适度多加入 CTAB
氯仿抽提后上清褐色	样品被氧化或降解	1. 样品及时在液氮中磨样 2. 按比例取β-巯基乙醇加入 CTAB 缓冲液中 3. 样品磨完加 CTAB 缓冲液速度要快，混匀要充分；如果机器磨样，尽量倒出钢珠，再加 CTAB 缓冲液

续表

问题现象	可能原因	解决办法
加入异丙醇后无絮状沉淀	取样太少；样品没有碾磨彻底	继续放置一段时间，再用 12000 r・min^{-1} 离心 10 min
电泳检测 DNA 有拖尾	1. DNA 降解 2. 点样孔有条带是因为含有部分蛋白	1. 样品及时在液氮中磨样 2. 氯仿抽提可以进行两次

思考题

(1) 实验中氯仿、异戊醇的作用是什么？
(2) 怎样从植物标本中提取到质量较高的基因组 DNA？

2.2 质粒 DNA 的提取

2.2.1 实验目的

(1) 学习碱裂解法提取质粒 DNA 的原理。
(2) 获得质粒 DNA，为载体构建等实验提供材料。
(3) 了解细菌质粒 DNA 的作用和常见构型区别。

2.2.2 实验原理

质粒（plasmid）是一种染色体外双链闭环结构的 DNA 分子。它具有自主复制能力，能使子代细胞保持它们恒定的拷贝数，可表达它携带的遗传信息。目前，质粒已在基因工程中广泛用作载体。质粒 DNA 的提取是依据质粒 DNA 分子较染色体 DNA 分子小，且具有超螺旋共价闭合环状和快速复性等特点，从而将质粒 DNA 与大肠杆菌染色体 DNA 分离。现在常用的方法有：碱裂解法、密度梯度离心法、煮沸裂解法等。

碱裂解法具有操作简便、快速、得率高的优点。其主要原理为利用染色体 DNA 与质粒 DNA 的变性与复性的差异而达到分离的目的。首先将细菌体悬浮暴露于高 pH 值的强阴离子洗涤剂中，细胞壁、膜破裂，染色体 DNA 和蛋白质变性，核酸物质全部释放到上清液中。尽管碱性溶剂使碱基配对完全破坏，但共价闭合环状结构的两条互补链不会完全分离，这是因为它们在拓扑学上是相互缠绕的。只要碱处理的强度和时间不过长，当 pH 值恢复到中性时 DNA 双链就会再次形成。在裂解过程中，细菌蛋白质、破裂的细胞壁和变性的染色体 DNA 会相互缠绕成大型复合物，后者与十二烷基硫酸盐（sodium dodecyl sulfate，SDS）结合。当用 pH 值为 4.8 的乙酸钾将其 pH 值调到中性时，变性的质粒 DNA 又恢复到原来的构型，而钾离子取代了十二烷基硫酸盐中的钠离子，形成的复合物就会从溶液中沉淀下来。因此，高速离心去除沉淀后，就可以从上清中回收复性的质粒 DNA。

一般提取到的质粒 DNA 会存在不同的构型，即超螺旋 DNA（闭合环状）、开环 DNA（一条链断裂）和线性 DNA（两条链均断裂），这三种构型的 DNA 分子在琼脂糖凝胶电泳过程中有不同的迁移率，超螺旋 DNA 移动得最快。

2.2.3 实验用品

实验材料：大肠杆菌 DH5α（含质粒）培养液。

实验试剂和耗材：

（1）LB 液体培养基：胰蛋白胨 10 g、酵母提取物 5 g、NaCl 10 g，溶解于 1000 mL 蒸馏水中，用 NaOH 调 pH 值至 7.5。高压灭菌 20 min。

（2）LB 固体培养基：在每 1000 mL LB 液体培养基中加入琼脂粉 15 g，高压灭菌 20 min。

（3）溶液Ⅰ：含 50 $mmol \cdot L^{-1}$ 葡萄糖、10 $mmol \cdot L^{-1}$ EDTA、25 $mmol \cdot L^{-1}$ Tris-HCl（pH=8.0）。

（4）溶液Ⅱ：含 0.2 $mol \cdot L^{-1}$ NaOH，1% SDS（现用现配）。

（5）溶液Ⅲ（100 mL）：利用 5 $mol \cdot L^{-1}$ 乙酸钾 60 mL、冰乙酸 11.5 mL、ddH_2O 28.5 mL（pH=4.8）混合后配制。

（6）TE 缓冲液（pH=8.0）：含 10 $mmol \cdot L^{-1}$ Tris-HCl、1$mmol \cdot L^{-1}$ EDTA。

（7）异丙醇、无水乙醇和 70%乙醇。

（8）2 mL 离心管、1.5 mL 离心管、移液器吸头、离心管架。

实验仪器：移液器、台式高速离心机、高压蒸汽灭菌锅、恒温摇床、制冰机。

2.2.4 实验步骤

（1）将带有质粒的大肠杆菌接种于含有相应抗生素的 LB 平板培养基上，37 ℃培养 12 h，然后从平板上挑取单菌落，接种于含有相应抗生素的 5 mL LB 液体培养基中，37 ℃下 200 $r \cdot min^{-1}$ 振荡培养 12 h。

（2）将菌液移入 1.5 mL 离心管，8000 $r \cdot min^{-1}$ 离心 1 min，倒去上清液，离心管倒置于滤纸上，彻底除去残留的培养液，再倒入菌液依照上述条件重复收集一次菌体。

（3）加入预冷的溶液Ⅰ 100 μL，用涡旋振荡器充分悬浮菌体。

（4）加入溶液Ⅱ 200 μL，快速颠倒，温和混匀，冰浴 5 min（此时溶液应非常黏稠）。

（5）加入预冷的溶液Ⅲ 150 μL，温和混匀（此时应有白色絮状沉淀），冰浴 5 min。

（6）12000 $r \cdot min^{-1}$ 离心 10 min，上清液转移至另一干净的 1.5 mL 离心管中。

（7）上清液加入 2 倍体积预冷的无水乙醇或 0.6 倍体积的异丙醇，混匀，−20℃放置 20 min。

（8）12000 $r \cdot min^{-1}$ 离心 10 min，倒掉管中所有液体。

（9）加入 70%乙醇 800 μL 清洗 DNA 沉淀。8000 $r \cdot min^{-1}$ 离心 1 min，之后可

放入通风橱或 50 ℃烘箱中，以彻底挥发除去乙醇。

(10) 加入 ddH_2O 30～50 μL 溶解 DNA，−20 ℃保存待用（根据需要可在溶液中加入 RNA 酶以进一步除去 RNA）。

思考题

(1) 实验操作中，溶液Ⅰ、溶液Ⅱ和溶液Ⅲ的作用各是什么？

(2) 无水乙醇和 70% 乙醇在质粒 DNA 提取中分别是如何发挥作用的？

2.3　PCR 扩增技术

2.3.1　实验目的

(1) 学习快速获得大量目的基因的基本原理和方法。

(2) 学会查找基因序列，了解引物设计的一般要求。

2.3.2　实验原理

聚合酶链式反应（PCR）的基本原理类似于 DNA 的天然复制过程，其特异性依赖于与靶序列两端互补的寡核苷酸引物，主要由变性、退火、延伸 3 个步骤和多个循环组成。变性是 DNA 模板双链的解链，实验中常用变性温度为 94 ℃～95 ℃，这也是 Taq DNA 聚合酶进行 30 个或 30 个以上 PCR 循环时酶活所能耐受的最高温度。退火是两条引物各自与 DNA 模板结合，如果退火温度太高，寡核苷酸引物不能与模板较好的复性，扩增效率将会非常低。如果退火温度太低，引物将会与模板链产生非特异性结合，从而导致非特异性的 DNA 片段的扩增。最佳的退火温度需要比两条寡核苷酸引物的熔解温度低 2 ℃～10 ℃，以此来对退火条件进行优化。

延伸是 DNA 聚合酶利用 dNTP 合成与模板碱基序列互补的 DNA 链，对于 Taq DNA 聚合酶来说，最适温度一般为 68 ℃～78 ℃，以延伸速率 1000 $bp \cdot min^{-1}$ 来计算延伸时间。PCR 扩增所需的循环数决定于反应体系中起始的模板拷贝数以及引物延伸和扩增的效率。一旦 PCR 反应进入几何级数增长期，反应会一直持续下去，直至某一成分成为限制因素。Taq DNA 聚合酶在一个含有 10 个拷贝的靶序列的反应体系中进行 30 个循环后，目的片段的拷贝数往往可达 10^7 倍。理论扩增倍数计算公式如下：拷贝数 $=N_0(1+Y)^n$。N_0 指 DNA 模板中目的基因的起始拷贝数，Y 指每个循环的扩增效率，n 代表循环数。PCR 扩增技术广泛应用于基因分离、克隆和序列分析领域，在疾病诊断、动植物基因功能研究上有难以替代的优势。

2.3.3　实验用品

实验材料：实验中提取的基因组 DNA 或质粒 DNA。

实验试剂和耗材：Taq DNA 聚合酶及其 buffer（酶适用的缓冲液，一般含

$MgCl_2$），2.5 mmol·L^{-1} dNTP（脱氧核糖核苷三磷酸的缩写，包括 dATP、dGTP、dTTP、dCTP 等在内的统称，N 是指含氮碱基），基因扩增上下游引物，200 μL PCR 管，移液器吸头。

实验仪器：移液器、迷你离心机、PCR 仪。

表 2-2 为标准 PCR 反应条件下各试剂适用浓度（供各实验参考调整）。

表 2-2　PCR 反应各试剂适用浓度

Mg^{2+}	dNTP	引物	DNA 聚合酶	模板 DNA
1.5 mmol·L^{-1}	50 mmol·L^{-1}	200 μmol·L^{-1}	1～5 U	1 pg～1 μg

2.3.4　实验步骤

（1）按表 2-3 加入试剂，并小心混匀。模板为实验中提取的基因组 DNA 或质粒 DNA，反应体系可进一步分装成 10 μL 进行 PCR 退火条件的摸索。

表 2-3　PCR 反应体系

试剂	用量/μL
ddH_2O	36
10×buffer	5
10×dNTP	5
引物（Primer）P1	1
引物（Primer）P2	1
DNA 模板	1
Taq 酶（2.5 U）	1
总体积	50

（2）设置 PCR 程序并运行：

	温度	时间
	94 ℃	5 min
35 cycles：	94 ℃	30 s
	55 ℃	30 s
	72 ℃	60 s
	72 ℃	10 min
	4 ℃	∞（样品暂存，直至取走）

（3）反应结束后，取 PCR 产物 10 μL 进行 1%琼脂糖凝胶电泳实验，观察 PCR 产物的跑胶结果。

2.3.5　实验注意事项

（1）每组 PCR 反应都应设有对照管，阳性对照用于检测 PCR 效率，而阴性对照用于检测实验操作中是否存在污染。对照管各成分见表 2-4。

表 2-4　对照管各成分

		其他 DNA	靶 DNA	引物
阳性对照	1	−	+	+
阴性对照	2	−	−	−
	3	+	−	+

注：其他 DNA 中应不含目的基因序列，靶 DNA 中一定含有目的 DNA 序列，可以是纯化 DNA 片段、PCR 产物等。

（2）实验过程中常见问题及解析。

PCR 常见问题分析见表 2-5。

表 2-5　PCR 常见问题分析

问题	可能原因	解决办法
目的条带弱或无目的条带	复性条件不适合	重新计算引物 T_m，降低退火温度
	试剂不合格；PCR 仪故障；扩增程序设置错误	重新购买试剂，分别在两台 PCR 仪上进行实验
	变性不完全	增加变性时间或者提高变性温度
	目的基因片段过长	使用高保真的适用大片段合成的 DNA 聚合酶
阴性对照扩增出目的条带	DNA 模板或试剂污染	重新配制试剂
多条产物条带或产物分子质量明显错误	引物特异性不高	重新设计合成引物
		缩短复性时间或增加复性温度
		目的片段切胶回收后，以回收后片段为模板进行扩增
扩增的目的产物条带非常模糊或成片条带	模板 DNA 过量	稀释模板 DNA
	引物二聚体	重新设计合成引物，特别注意引物 3′末端的序列

（3）PCR 加样时，尽量保持低温操作，避免酶失活和模板、引物降解。

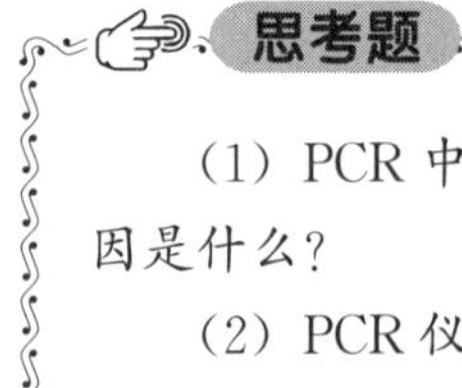

思考题

（1）PCR 中引物起什么作用？什么是引物二聚体？出现引物二聚体的原因是什么？

（2）PCR 仪为什么要设置热盖？仪器使用过程中需要注意什么事项？

2.4　琼脂糖凝胶电泳及 DNA 的胶回收

2.4.1　实验目的

熟悉琼脂糖凝胶电泳工作的原理和操作过程，学会用琼脂糖凝胶电泳检测 DNA

的纯度、构型以及分子量的大小。

2.4.2 实验原理

琼脂糖凝胶电泳是基因工程操作中最常规的检验方法，它简单易行，分辨率高。其原理是溴化乙锭在紫外光照射下能发射荧光，当DNA样品在琼脂糖凝胶中电泳时，琼脂糖凝胶中的溴化乙锭插入DNA分子中形成荧光络合物，使得DNA发射的荧光增强了几十倍。而荧光的强度正比于DNA的含量，如将已知浓度的标准样品做琼脂糖凝胶电泳的对照，就可比较出待测样品的浓度。电泳后的琼脂糖凝胶块直接在紫外光下照射拍照，只需5～10 ng DNA，就可以从照片上比较鉴别。

在凝胶电泳中，DNA分子的迁移速度与分子量的对数值成反比。质粒DNA样品用单一切点的酶酶切后与已知分子量大小的标准DNA片段进行电泳对照，观察其迁移距离，就可知该样品的分子量大小。DNA分子在琼脂糖凝胶中泳动时，有电荷效应与分子筛效应，前者由分子所带净电荷的多少而定，后者则主要与分子大小及构型有关。增加凝胶的浓度可以在一定程度上降低电荷效应，使得分子的迁移速度主要由分子受凝胶阻滞程度差异所决定，提高分辨率。同时适当降低电泳时的电压，也可以使分子筛效应相应增强而提高分辨率。

DNA的胶回收原理是离心柱上含有合成树脂，在特殊条件下具有吸附DNA的功能。先将含有DNA的高盐和低pH值溶液经过离心树脂柱，让DNA先吸附到树脂柱上，再加入酒精等溶液将杂质通过离心去除干净。待除去杂质后，利用低盐和高pH值溶液使离心树脂柱上的DNA释放和洗脱下来，就可直接得到纯度较高的DNA溶液。DNA溶液可用于后续酶切或与T载体连接等实验。

2.4.3 实验用品

实验材料：DNA样品。

实验试剂和耗材：

(1) TBE缓冲液（10倍母液）：Tris 108 g、硼酸55 g、0.5 $mol \cdot L^{-1}$ EDTA（pH=8.0）40 mL，加ddH_2O定容至1 L。

(2) 点样缓冲液（10×loading buffer）：聚蔗糖150 μL、0.5 $mol \cdot L^{-1}$ EDTA（pH=8.0）60 μL，且溶液终浓度含0.25%溴酚蓝和40%甘油，加ddH_2O定容至1 mL。

(3) 溴化乙锭染色液（EB）：配制10 $mg \cdot mL^{-1}$的溴化乙锭溶液，可用其他核酸染料替代，如Gel Red、SYBR Green。

(4) 琼脂糖、Takara胶回收试剂盒、手术刀、移液器吸头。

实验仪器：电泳仪系统、紫外凝胶成像系统、恒温水浴箱、紫外灯、微波炉。

2.4.4 实验步骤

1. 琼脂糖凝胶电泳

(1) 选择合适的水平式电泳仪，调节电泳槽平面至水平位置，检测稳压电源与

正负极的线路。

(2) 选择孔径大小适宜的点样梳，垂直架在电泳槽负极的一端，使点样梳的底部与电泳槽水平面的距离为 0.5～1.0 mm。

(3) 制备琼脂糖凝胶：按照被分离的 DNA 分子的大小，决定凝胶中琼脂糖的百分含量。一般情况下可参考表 2-6：

表 2-6　琼脂糖凝胶浓度和分离范围

琼脂糖的含量（质量分数）/%	分离线状 DNA 分子的有效范围/kb
0.3	60～5.0
0.6	20～1.0
0.7	10～0.8
0.9	7～0.5
1.2	6～0.4
1.5	4～0.2
2.0	3～0.1

称取琼脂糖溶解在电泳缓冲液中，一般配制约 40 mL 凝胶液，置于微波炉中或水浴加热，至琼脂糖熔化均匀。

(4) 将凝胶槽洗净擦干，两端用胶布封好，在一端插好梳子。待凝胶溶液冷却至 60 ℃ 左右时，在凝胶溶液中加 EB（EB 最终浓度为 0.5 $\mu g \cdot mL^{-1}$），摇匀，轻轻倒入电泳槽水平板上，除掉气泡。待凝胶完全凝固后，去掉两端封条，将凝胶槽移至电泳槽（槽中已加入 TBE 缓冲液），然后小心地拔掉梳子保持点样孔完整。

注意：电极缓冲液要高出凝胶面 2～5 mm。

(5) 在凝胶的第一个点样孔点入 DNA marker 溶液 3～10 μL。待测的 DNA 样品中，加入 1/5 体积的点样缓冲液，混匀后小心地进行点样，记录样品点样顺序和点样量。

(6) 开启电源开关，最高电压不超过 5 $V \cdot cm^{-1}$。

(7) 电泳时间视实验的具体要求而异，一般为 18～20 min。电泳结束后，取电泳凝胶块在紫外凝胶成像系统中观察 DNA 样品的条带大小，并拍照。

电泳结束后用刀片切下含有少量 PCR 产物的泳道（一般从凝胶的边缘选择），EB 染色，在紫外灯下找到目的 DNA 带，用刀片在带的上下边缘各切一个小口作为标记。

注意：含有大量 PCR 产物的凝胶既不能用 EB 染色，也不能用紫外灯照射。

(8) 将做好标记的凝胶条与未染色的凝胶原位对齐，根据小胶条上的标记估计未染色的大胶上 PCR 产物的位置，用刀片切下大胶中含 DNA 产物的凝胶（尽量不要多余的凝胶），转移至一个称量过的干净的 1.5 mL 离心管中。再称量后计算出胶的重量。

(9) 按照 DNA 凝胶回收试剂盒的说明书操作，回收 PCR 产物。

2. 利用 Takara 胶回收试剂盒完成操作

(1) 按 400 μL/100 mg 凝胶的比例加入 buffer GM，置于 50 ℃～60 ℃水浴中 10 min，每 2 min 混匀一次，使胶彻底熔化。

(2) 将试剂盒中的 Spin Column 安置于 Collection Tube 上。将熔化的胶溶液移到套放在 2 mL 收集管内的 Spin Column 柱中，室温放置 2 min。

(3) 8000 $r \cdot min^{-1}$ 室温离心 1 min。取下 Spin Column 柱，倒掉收集管中的废液。

(4) 将 Spin Column 柱放入同一个收集管中，加入 Wash Solution 500 μL，8000 $r \cdot min^{-1}$ 室温离心 1 min。

(5) 重复上一步洗涤一次。

(6) 取下 Spin Column 柱，倒掉收集管中的废液，将 Spin Column 柱放回同一个收集管中，12000 $r \cdot min^{-1}$ 室温离心 1 min。

(7) 将 Spin Column 柱放入一个新的 1.5 mL 离心管中，在柱子膜中央加 elution buffer 40 μL（或 ddH_2O，pH＞7.0)，室温或 37 ℃放置 2 min（55 ℃～80 ℃洗脱效果更好)。

(8) 12000 $r \cdot min^{-1}$ 室温离心 1 min，离心管中的液体就是回收产物。

(9) 回收的 DNA 片段可进行 DNA 测序，测序结果利用 DNAMAN、BioEdit、Chromas 等软件进行分析。

思考题

为什么先进行 DNA 凝胶电泳，后进行 DNA 胶回收实验？在此过程中 DNA 溶液发生了什么改变？

2.5 Southern 印迹杂交

2.5.1 实验目的

学习 Southern 印迹杂交的原理及操作方法，了解基因组 DNA 特定序列定位的通用方法。

2.5.2 实验原理

Southern 印迹杂交，是通过对特异性探针结合的基因组 DNA 片段或其周围序列进行限制性核酸酶内切，根据酶切位点作图来研究目的基因在基因组内部的确切位置的方法。主要原理是提取的高质量基因组 DNA 首先用限制性核酸内切酶消化成小片段，消化后的片段通过琼脂糖凝胶电泳按照大小进行分离。然后，将胶上的 DNA 变性并在原位将 DNA 片段转移至固相支持物上，通常是尼龙膜或硝酸纤维素膜。附着于膜上的 DNA 再与同位素、地高辛或生物素标记的 DNA 探针进

行反应。

如果待检物中含有与探针互补的序列，则二者通过碱基互补的原理进行结合，最后通过特定的检测方法确定与探针互补的带的位置，从而显示出待检片段的位置、相对大小及其拷贝数。Southern 印迹杂交具有很高的灵敏度和高度的特异性，该技术广泛地使用于克隆基因的筛选、酶切图谱的制作、基因组中特定基因序列的定性、定量检测等方面。

2.5.3 实验用品

实验材料：已提取的基因组 DNA，同位素、地高辛或生物素标记的 DNA 探针。

实验试剂和耗材：

(1) 3 mol・L^{-1} NaAC (pH=5.2)。

(2) 变性液（应用于中性转膜）：含 1.5 mol・L^{-1} NaCl、0.5 mol・L^{-1} NaOH。

(3) 中和缓冲液：含 0.5 mol・L^{-1} Tris-HCl (pH=7.0)、1.5 mol・L^{-1} NaCl。

(4) 20×SSC（氯化钠柠檬酸钠）转膜缓冲液：含 3 mol・L^{-1} NaCl、0.3 mol・L^{-1}柠檬酸钠。

(5) 移液器吸头、玻璃烤盘、尼龙膜或硝酸纤维素膜、吸水滤纸、透明尺、暗盒、玻璃板等耗材。

实验仪器：交联设备或微波炉、电泳仪系统、紫外凝胶成像系统、脱色摇床、杂交炉等。

2.5.4 实验步骤

1. DNA 进行限制性内切酶消化

(1) 用一种或几种限制性内切酶消化提取的基因组 DNA。实验中应当包含有若干对照，以显示限制性内切酶消化反应是否进行完全、DNA 的转移和杂交是否有效进行。这些对照应点样于凝胶一侧的点样孔，应远离 DNA 样品，减少意外污染的机会。

(2) 对酶消化后的 DNA 加入 1/10 体积的 3 mol・L^{-1} NaAC (pH=5.2)、2.5 倍体积的无水乙醇，小心混匀使 DNA 成絮状沉淀，−20 ℃静置 60 min 以上。4 ℃，10000 r・min^{-1} 离心 15 min。弃上清，用 70%乙醇 100 μL 洗涤沉淀，离心后去上清，干燥后加入 TE 25 μL 溶解。

2. DNA 的转移和固定

(1) 在琼脂糖凝胶上电泳分离 DNA 片段。取出凝胶，切去边缘多余部分，用 EB 或其他染色剂染色，在凝胶成像系统中照相（放一标尺，可从照片中测量出 DNA 迁移的距离）。在凝胶左下角切去一小三角形（加样孔一端为下），以此作为操作过程中凝胶方位的标记。

(2) 用 0.2 mol・L^{-1} HCl 去嘌呤，置于脱色摇床上振荡 10 min。去嘌呤后用清水摇动 20～30 min 清洗掉 HCl。

(3) 将凝胶置于 200 mL 变性液中，浸泡 45 min，置于脱色摇床上温和地振荡，使凝胶上的双链DNA转变为单链DNA，然后用双蒸水冲洗凝胶几次。

(4) 用中和液浸泡凝胶并不断地振荡45 min，将凝胶中和至中性。防止凝胶中的碱性溶液破坏硝酸纤维素膜。

(5) 用干净的解剖刀切一张与凝胶相似大小的尼龙膜，再切多张与膜同样大小的厚吸水滤纸，用干净的解剖刀切下膜的一角，与凝胶切下的一角相一致。将膜漂浮于盛有去离子水的皿中，直到膜从上往下完全浸湿，然后将膜浸入恰当的转移缓冲液（20×SSC）中润湿至少5 min。

(6) 取一瓷盘，在底部放一块玻璃板，盛器内加入20×SSC转移滤液低于玻璃板表面，在玻璃板表面盖一张滤纸，滤纸两边浸没于20×SSC溶液中，赶掉玻璃和滤纸之间所有的气泡。把凝胶底面朝上放在滤纸上，赶走两层之间出现的气泡。

(7) 用一定量的转移缓冲液将凝胶湿润，将湿润的膜放置在凝胶上并使两者切角相重叠。为避免产生气泡，应当先使膜的一角与凝胶接触，再缓慢地将膜放在凝胶上。然后再取两张与滤膜一样大小的二号滤纸，在20×SSC溶液中浸湿，覆盖在硝酸纤维素膜上，同样要把气泡赶走。

(8) 把一叠吸水纸（或卫生纸，约有5～8 cm高，略小于滤纸），放置在滤纸上，在吸水纸上再放一块玻璃板和重约500 g的重物，放置过夜。DNA转移需进行8～24 h。当纸巾湿润后更换新的纸巾，尽量避免整叠纸巾都被缓冲液浸湿。

(9) 转移结束后除去凝胶上的纸巾以及吸水纸，翻转凝胶以及与之接触的膜。将凝胶从膜上剥离，弃去凝胶。凝胶也可用EB染色后观察并估计DNA转移的效率。

(10) 将膜放在3 mm厚（比膜稍大）的浸润10×SSC的滤纸上，有DNA的面朝上，不需要先洗膜。在交联设备中，254 nm照射紫外交联4 min（也可用微波750～900 W对膜加热2～3 min）。用蒸馏水漂洗膜后，在空气中干燥。照射的目的在于使DNA中的一小部分胸腺嘧啶残基与膜表面带正电荷的氨基集团之间形成交联，膜不能被过量照射。照射时应当使膜上带有DNA的一面朝向紫外光源。

3. 用探针对固定化的DNA进行杂交

(1) 将交联后的膜在6×SSC溶液中浸泡2 min后，既可以进行杂交，也可包装后保存备用。

(2) 将上述膜送入杂交管内（DNA面向管腔），如多张膜在同一管内同时杂交，其间可用塑料罗衣隔开。向管内加入预热的预杂交液，用量约为0.1 $mL \cdot cm^{-2}$，盖紧管盖，检查无渗漏现象，然后在预热至42℃的杂交炉中预杂交1～2 h。

(3) 从杂交炉中取出杂交管，打开管盖，小心地加入已制备好的探针溶液，盖紧管盖，检查无渗漏现象，继续杂交过夜。

(4) 杂交结束后，从杂交炉中取出杂交管，倒出杂交液，借助镊子将尼龙膜转移到装有数百毫升0.5% SDS和2×SSC溶液的容器内，置于水平转台上在室温下缓慢洗涤5 min。

(5) 将上述膜再在室温下用0.1% SDS和2×SSC溶液洗涤15 min。

(6) 向杂交管内加入预热至 42 ℃的 0.1% SDS 和 0.1×SSC 溶液，用镊子将膜转移到杂交管内，在 42 ℃杂交炉内洗涤 30～60 min。

(7) 洗涤结束后取出膜，经 0.1×SSC 溶液短暂漂洗后，用吸水纸吸去多余液体，再用塑料薄膜包裹，并做必要标记，放射自显影拍照或加入化学发光检测液，并进行拍照。

2.5.5 实验注意事项

(1) 将凝胶中和至中性时要测 pH 值，防止凝胶的碱性破坏硝酸纤维素膜。

(2) 对膜进行操作时需使用恰当的手套以及钝头镊子，膜上也不能沾有油污。

(3) 膜一旦放在凝胶上部就不要再移动，膜与凝胶之间不能留有气泡。

思考题

(1) 在转印前，凝胶中的 DNA 为什么要进行变性处理？

(2) Southern 印迹杂交在基因工程中有什么用途？

第3章 RNA操作技术

RNA作为生物体中最活跃、信息最丰富的生物大分子，在DNA和蛋白质之间起着最重要的中介作用。近年来，随着生物芯片、转录组测序的发展，特别是大量关于非编码RNA的研究，发现RNA在生物进化及生命活动的各个方面都起着非常重要的作用。本章将介绍常见的RNA操作技术中总RNA的提取及质量检测、RNA的反转录、实时荧光定量PCR、Northern印迹杂交和RNA的原位杂交，可使学生更好地理解RNA在生命活动中的作用。

3.1 植物总RNA的提取及质量检测

3.1.1 实验目的

掌握植物RNA提取的基本技术，了解RNA提取过程中的各种注意事项。

3.1.2 实验原理

获取完整的RNA分子是进行基因表达分析的基础，RNA提取与DNA提取有类似的地方，因为它们都是核酸，都具有较好的水溶性。但RNA与DNA的溶解性不同，RNA在0.14 mol·L^{-1}的盐溶液中具有最好的溶解度，而DNA在1 mol·L^{-1}的盐溶液中具有最好的溶解度，所以可以利用它们的溶解性将它们进行区分。另外，RNA的分子量一般比较小，而DNA分子很大且和蛋白结合成复合体，所以DNA更容易随蛋白沉淀，而RNA具有较好的溶解性。细胞内的总RNA主要集中在细胞质中，包括了mRNA、tRNA、rRNA和其他小RNA，其中rRNA比例最高，mRNA的种类最丰富，多数RNA也常与蛋白质结合在一起。提取植物总RNA时，首先要破碎植物细胞壁和细胞膜，然后用提取液将细胞质中的RNA溶出，反复抽提去除蛋白质，加入异丙醇沉淀RNA，再经过洗涤和吹干后，将RNA沉淀溶解。

判断RNA的质量主要有两个标准，一是纯度，二是完整性（是否被降解）。A_{260}是核酸最高吸收峰的吸收波长，而A_{280}是蛋白最高吸收峰的吸收波长。因此，RNA的纯度可以通过分光光度计测定的A_{260}/A_{280}值来判断，比值范围在1.8～2.1，说明RNA纯度较好，如果比值较低，说明存在蛋白质或者酚类物质的影响，需要纯化样品。RNA的完整性主要通过电泳分析来阐明，未降解的总RNA电泳时在凝胶中会出现28S rRNA和18S rRNA对应的条带，如果有DNA污染则在RNA电泳后会发现基因组DNA对应的条带。核糖核酸酶（RNase）可特异攻击RNA上嘧啶残基的3′端，切割胞嘧啶或尿嘧啶与相邻核苷酸形成的磷酸二酯键从而降解RNA。RNase A的反应条件极广，且极难失活。RNase A的去除通常需要蛋白酶K、酚反

复抽提和乙醇沉淀。在基因工程实验中，RNA 提取所用的物品和电泳系统要严格对 RNA 酶进行处理，如果用普通琼脂糖凝胶电泳，则应尽量减少电泳时间，否则 RNA 容易降解。提取的总 RNA 可以反转录成 cDNA，进一步用于基因克隆、基因表达量分析和文库构建等。

样品 RNA 浓度（$\mu g \cdot mL^{-1}$）计算公式为：$C_{RNA}=A_{260}\times$稀释倍数$\times 40\ \mu g \cdot mL^{-1}$，紫外 260 nm 波长下（$A_{260}$）读值为 1 表示 40 μg RNA/mL。具体计算如下：

例：RNA 溶于 40 μL DEPC 水中，取 5 μL 稀释 100 倍后，测得 $A_{260}=0.21$

RNA 浓度$=0.21\times 100\times 40\ \mu g \cdot mL^{-1}=840\ \mu g \cdot mL^{-1}$ 或 $0.84\ \mu g \cdot \mu L^{-1}$

剩余 35 μL 中 RNA 总量为：$35\ \mu L\times 0.84\ \mu g \cdot \mu L^{-1}=29.4\ \mu g$

3.1.3　实验用品

实验材料：新鲜的植物组织材料。

实验试剂和耗材：DEPC 处理的 ddH_2O、RNA 提取液（Trizol）、水饱和酚、氯仿、异丙醇、无水酒精、溴化乙锭（EB）或其他核酸染料、点样缓冲液（10× loading buffer）。

实验仪器：台式离心机、电泳仪、紫外凝胶成像系统、超微量分光光度计。

3.1.4　实验步骤

（1）取新鲜植物叶片 1～3 g，置于研钵中，加入液氮迅速研磨成粉末。

（2）使用液氮提前冷冻药勺，再用药勺快速将研磨好的粉末加入已用液氮提前冷冻的 2 mL 离心管，粉末体积一般控制在 50～500 μL。

（3）使用移液器向离心管中加入 RNA 提取液 1000 μL，迅速反复倒置混匀，直至看不见任何团状物为止。

（4）加入酚/氯仿 200～800 μL，剧烈反复倒置混匀 2～5 min，静置 2 min。

（5）12000 $r \cdot min^{-1}$，4 ℃离心 10 min，吸取上清的 4/5 左右，注意避免吸取不同液体分层界面上的蛋白。

（6）加入等体积的氯仿，反复倒置混匀 2～5 min，静置 2 min。

（7）12000 $r \cdot min^{-1}$，4 ℃离心 10 min，吸取上清，加入 0.6 倍体积的异丙醇，−20 ℃放置 20 min。

（8）12000 $r \cdot min^{-1}$，4 ℃离心 10 min，弃上清，保留沉淀，加入 70%无水乙醇 800 μL 缓和地反复倒置混匀洗涤沉淀。

（9）12000 $r \cdot min^{-1}$，4 ℃离心 5 min，用 70%乙醇再洗涤 1 次沉淀。

（10）12000 $r \cdot min^{-1}$，4 ℃离心 1 min，用枪头吸去底部残留液体，放到超净工作台吹干，或进行真空干燥 2 min。加入 DEPC 处理过的 ddH_2O 200 μL 溶解 RNA。

（11）取 RNA 溶液 1.5 μL 在超微量分光光度计上测定 RNA 纯度和浓度，A_{260}/A_{280}应在 2.0 左右。取用 5 μL 电泳检测 RNA 完整性，如图 3-1 所示。

（12）将 RNA 分装，放在−80 ℃冰箱长期保存。

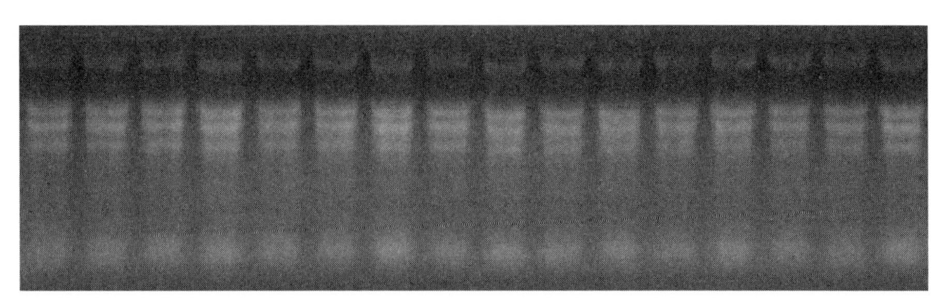

图 3-1 RNA 琼脂糖凝胶电泳检测示意图

3.1.5 实验注意事项

(1) RNA 是极易降解的核酸分子，因此提取总 RNA 必须在无 RNase 环境中进行，戴口罩、手套，使用无 RNase 污染的试剂、材料、容器。

(2) 所有溶液应加 DEPC 至 0.05%～0.1%，室温处理过夜，然后高压处理或加热至 70 ℃放置 1 h 或 60 ℃过夜，以除去残留的 DEPC。

(3) 所用的化学试剂尽量使用新包装，所有操作均应在冰浴中进行，低温条件可减低 RNA 酶活性。

思考题

(1) 提取 RNA 时加入 Trizol 试剂的作用是什么?

(2) 对 RNA 提取过程中用到的器具有什么要求?

(3) 提取 RNA 和 DNA 的步骤有什么区别?

(4) 为什么说 RNA 分子是进行基因表达分析的基础? 如何从 RNA 分子中获得目的基因?

3.2 RNA 的反转录

3.2.1 实验目的

学习从细胞或组织的 RNA 中用逆转录 PCR 获得 cDNA 的技术及操作。

3.2.2 实验原理

普通 PCR 以 DNA 为模板扩增基因，但真核生物的基因组 DNA 通常分为可转录为 mRNA 的外显子和不转录成 mRNA 的内含子，所以从染色体 DNA 用 PCR 方法扩增出的基因是内含子和外显子相间排列的 DNA 分子，不适用于基因工程的相关实验。如果用人工的方法把内含子去除，是极其烦琐费力的事。逆转录 PCR 是利用逆转录病毒内依赖于 RNA 的 DNA 逆转录合成酶，在随机反义引物或 oligo (dT) 的引导下合成 mRNA 互补的 DNA，再按普通的 PCR 的方法用两条引物以 cDNA 为模板，扩增出不含内含子的可编码完整蛋白的基因。这种 DNA 的 5′和 3′端经改造可直

接用于基因工程中基因的转录和翻译。因此，逆转录 PCR 成为目前获取目的基因的一条重要途径。

3.2.3 实验用品

实验材料：实验中提取的植物总 RNA 模板。

实验试剂和耗材：反转录缓冲液、10 mmol·L^{-1} dNTP、M-MLV 反转录酶、RNA 酶抑制剂（RNase inhibitor）、1 μL oligo（dT）（只有胸腺嘧啶组成的核苷酸链）、10×PCR 缓冲溶液。

实验仪器：PCR 扩增仪、电泳仪、台式离心机、紫外凝胶成像系统、微量移液器。

3.2.4 实验步骤

（1）在无 RNase 的 PCR 管中依次加入 4 μL RNA、8 μL DEPC 处理过的 ddH_2O、1 μL oligo（dT），混合后 65 ℃放置 5 min。

（2）置于冰浴中 5 min。

（3）在管中依次加入 4 μL RT buffer（5×）、0.5 μL RNase Inhibitor、2 μL dNTP（10 mmol·L^{-1}）、0.5 μL M-MLV 反转录酶（总反应体系为 20 μL），置于 42 ℃中反转录反应 1 h。

（4）接着在 70 ℃条件下反应 5 min，使反转录酶失活。

（5）向 PCR 小管中加入 ddH_2O 100 μL 稀释反转录的 cDNA。

（6）置于−20 ℃冰箱保存备用。

3.2.5 实验注意事项

（1）反转录第一步完成后应迅速将样品冰浴，防止缓慢降温时形成 RNA 发夹结构。

（2）戴一次性口罩、帽子、手套，实验过程中手套要勤换。

（3）有条件应设置 RNA 操作专用实验室，所有器械应为专用。

思考题

为什么 RNA 反转录最开始时需要经历 65 ℃放置 5 min?

3.3 实时荧光定量 PCR

3.3.1 实验目的

利用实时荧光定量 PCR（quantitative real-time PCR）定量分析基因表达量。

3.3.2 实验原理

实时荧光定量 PCR 技术是指在 PCR 反应体系中加入荧光基团，利用反应过程中荧光信号的实时积累监测整个PCR进程，最后通过标准曲线对未知模板进行定量分析的一种方法。基因工程实验中，SYBR荧光染料法是实时荧光定量PCR中最常使用的方法。其原理是在PCR反应体系中加入过量SYBR荧光染料，SYBR荧光染料特异性地掺入PCR延伸后的DNA双链，发射荧光信号，而不掺入链中的SYBR染料分子不会发射任何荧光信号，从而保证荧光信号的增加与PCR产物的增加完全同步。在荧光定量PCR技术中，有一个很重要的概念Ct值，即每个反应管内的荧光信号到达设定的域值时所经历的循环数。每个模板的Ct值与该模板的起始拷贝数的对数存在线性关系，起始拷贝数越多，Ct值越小。因此，只要获得未知样品的Ct值，即可从标准曲线上计算出该样品的起始拷贝数。为了靶RNA的定量，实验还引入了内参基因，其目的在于避免RNA定量误差、加样误差以及各PCR反应体系中扩增效率不均一、各孔间的温度差等所造成的误差。实时荧光定量PCR主要用于基因表达差异分析，在动植物基因功能研究、病原微生物或病毒含量检测上有重要应用。

3.3.3 实验用品

实验材料：cDNA样品。

实验试剂和耗材：SYBR Mix试剂盒、96孔PCR板、96孔板封口膜、移液器吸头、1.5 mL离心管、去离子水、内参基因引物、目的基因引物。

实验仪器：ABI 7500 Real-Time PCR System、迷你离心机。

3.3.4 实验步骤

(1) 利用Primer Premier 5.0软件设计目的基因引物，引物T_m值为50 ℃～60 ℃，扩增片段小于250 bp，引物与模板的序列紧密互补，引物与引物之间避免形成稳定的二聚体或发夹结构，新设计的引物应在普通PCR仪上进行扩增检测，确保跑胶后目的条带单一，无杂带干扰。

(2) 查询资料准备内参引物，常见内参引物为管家基因*actin*或*tubulin*，主要编码细胞骨架相关蛋白，一般相同物种的管家基因表达量接近。

(3) 分别按表3-1配制反应体系，内参基因和目的基因分开配制。制备好后轻弹管底将溶液混合，2000 r·min^{-1}短暂离心。

表3-1 qRT-PCR反应体系

试剂	用量/μL
cDNA	1
上游引物	0.5
下游引物	0.5
2×SYBR Mix	5
ddH_2O	3
总体积	10

（4）制备好的内参标准品和检测样本同时上机，按表 3-2 设置反应条件。

表 3-2　qRT-PCR 反应条件

温度/℃	时间/s	循环数
94	120	1
94	30	
55	30	40
72	30	
	Dissociation Stage	

（5）反应过程中经常检查仪器运行情况，查看反应曲线是否正常，如图 3-2 所示。

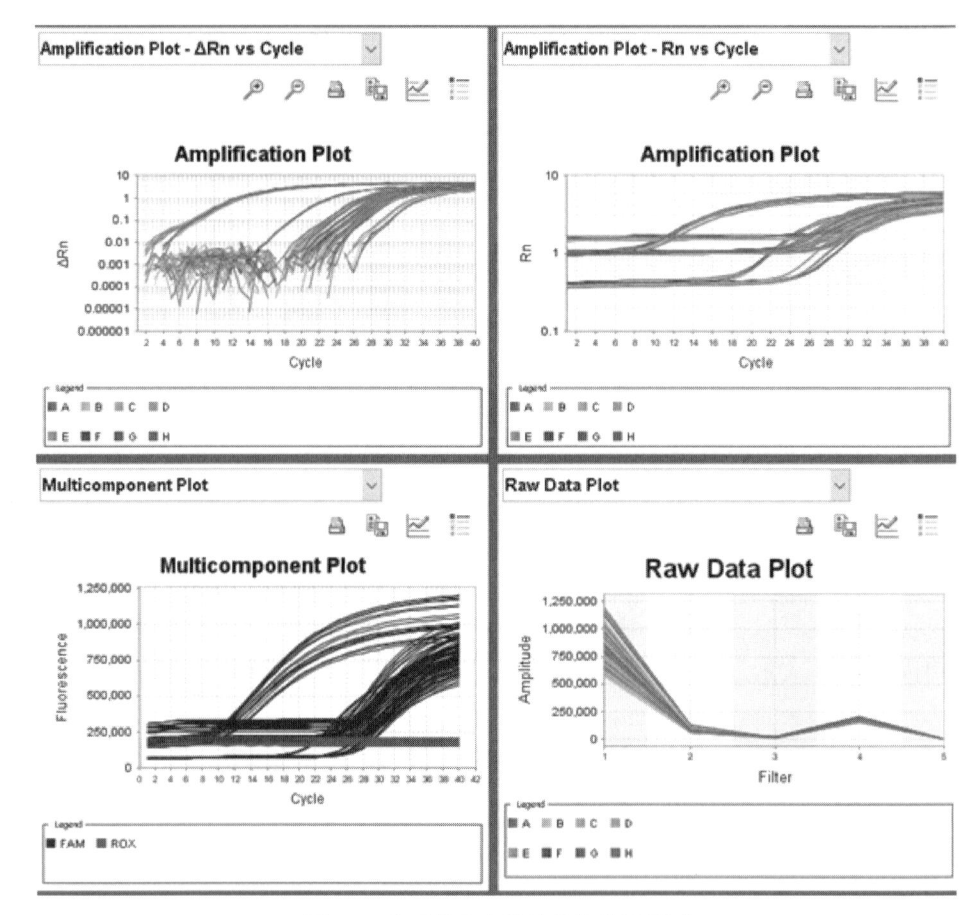

图 3-2　实时荧光定量软件部分设置图

（6）反应结束后取出样品，保存和分析实验数据。

3.3.5　实验注意事项

（1）RNA 是极易降解的核酸分子，因此实验必须在无 RNase 环境中进行，戴口罩、手套、使用无 RNase 污染的试剂、材料、容器。

（2）按照正确的开关机顺序操作实验仪器，有助于延长仪器的使用寿命，减少仪器出故障的频率。开机顺序为先开电脑，待电脑完全启动后再开启定量 PCR 仪主机，等主机面板上的绿灯亮后即可打开定量 PCR 的收集软件，进行实验。关机顺序为确认实验已经结束后，首先关闭信号收集软件，然后关掉定量 PCR 仪主机的电源，最后关闭电脑。

思考题

（1）实时荧光定量 PCR 有哪些类型？各自的原理是什么？

（2）实时荧光定量 PCR 中如何选择内参基因？

3.4 Northern 印迹杂交

3.4.1 实验目的

学习如何检测真核基因的转录水平、mRNA 的分子质量及相对丰度。

3.4.2 实验原理

Northern 印迹杂交是用来检测样品中是否含有基因的转录产物 mRNA 及其大小和含量的实验方法。与 Southern 印迹杂交相似，Northern 印迹杂交也采用琼脂糖凝胶电泳，将分子量大小不同的 RNA 分离开来，随后将其原位转移至固相支持物（如尼龙膜、硝酸纤维素膜等）上，再用放射性（或非放射性）标记的 DNA 探针，依据其同源性进行杂交，最后进行放射自显影（或化学显影），以目标 RNA 所在位置表示其分子量的大小，而其显影强度则可提示目标 RNA 在所测样品中的相对含量。但与 Southern 印迹杂交不同的是，总 RNA 不需要进行酶切，其是以各个 RNA 分子的形式存在，可直接应用于电泳。此外，由于碱性溶液可使 RNA 水解，因此不进行碱变性，而是采用甲醛等进行变性电泳。虽然 Northern 印迹也可检测目标 mRNA 分子的大小，但更多的是用于检测目的基因在组织细胞中有无表达及表达的水平。

3.4.3 实验用品

实验材料：总 RNA 样品或 mRNA 样品、地高辛或生物素标记的探针。

实验试剂和耗材：

（1）10×BPTE 电泳缓冲液（最终 pH=6.5）：100 mmol · L^{-1} PIPES、300 mmol · L^{-1} Bis-tris、10 mmol · L^{-1} EDTA（pH=8.0）。

（2）乙二醛反应混合液：DMSO 6 mL 、乙二醛 2 mL、10×BPTE 电泳缓冲液 1.4 mL、甘油 0.6 mL。

（3）碱性转移缓冲液：0.1mol · L^{-1} NaOH、3 mol · L^{-1} NaCl。

（4）中性转移缓冲液（20×SSC）：3 mol · L^{-1} NaCl、0.3mol · L^{-1} 柠檬酸钠。

（5）亚甲蓝：0.02%亚甲蓝溶于 0.3 mol·L^{-1} 乙酸钠（pH=5.5）中。

（6）电中性尼龙膜、暗盒、吸水滤纸。

实验仪器：交联设备或者微波炉、电泳仪系统、紫外凝胶成像系统、杂交炉、脱色摇床。

3.4.4 实验步骤

1. RNA 变性及琼脂糖凝胶电泳

（1）取干净的离心管，分别加入乙二醛反应混合液 10 μL 和总 RNA 2 μL，55 ℃变性 60 min，之后冰浴 10 min。

（2）制作琼脂糖凝胶并配制 1×BPTE 电泳缓冲液，点样后以 5 V·cm^{-1} 的电压进行电泳。

（3）电泳完成后，用 EB 或其他核酸染料染色，在凝胶成像系统中观察 RNA 条带，并拍照。

2. 变性 RNA 的转移和固定

（1）取出凝胶，切去边缘多余部分。在凝胶左下角切去一小三角形，加样孔一端为下，以此作为操作过程中凝胶方位的标记。

（2）用干净的解剖刀切一张长宽均大于凝胶 1 mm 的尼龙膜，膜的类型决定转移缓冲液的类型，常见尼龙膜比较见表 3-3。再切多张与膜同样大小的厚吸水滤纸，用干净的解剖刀切下膜的一角，与凝胶切下的一角相一致。将膜漂浮于盛有去离子水的皿中，直到膜从上往下完全浸湿，然后将膜浸入恰当的转移缓冲液（10×SSC）中润湿至少 5 min。

表 3-3　用于固定 RNA 的尼龙膜的性质

膜的类型	容量/μg·cm^{-2}	最大结合核酸大小	转移缓冲液
中性尼龙膜	200～300	>50 bp	中性缓冲液
带电荷尼龙膜	400～500	>50 bp	碱性缓冲液

（3）取一瓷盘，在底部放一块玻璃板，盛器内加入转移缓冲液低于玻璃板表面（带正电的膜用碱性缓冲液，不带电荷的膜用中性缓冲液），在玻璃板表面盖一张滤纸，滤纸两边浸没于 20×SSC 溶液中，赶掉玻璃和滤纸之间所有的气泡。把凝胶底面朝上放在滤纸上，赶走两层之间出现的气泡。用保鲜膜缠绕凝胶周边，防止凝胶边缘与纸巾接触吸水。

（4）用一定量的转移缓冲液将凝胶湿润，将湿润的尼龙膜放置在凝胶上并使两者切角相重叠。为避免产生气泡，应当先使膜的一角与凝胶接触再缓慢地将膜放在凝胶上。然后再取两张与滤膜一样大小的滤纸，在 20×SSC 溶液中浸湿，覆盖在膜上，同样把气泡赶走。

（5）把一叠吸水纸（或卫生纸，约有 5～8 cm 高，略小于滤纸），放置在滤纸上，在吸水纸上再放一块玻璃板和重约 500 g 的重物。RNA 的转移在中性转移缓冲液中转移时间不宜超过 4 h，在碱性转移缓冲液中不宜超过 1 h（缓冲液的选择根据转移用膜的类型而决定）。

（6）转移结束后除去凝胶上的纸巾以及吸水纸，翻转凝胶以及与之接触的膜。将凝胶从膜上剥离，弃去凝胶。用铅笔在膜上标出加样孔的位置，将膜转移至含 6×SSC 的玻璃皿中，然后将平皿置于摇床上，室温下轻摇 10 min，之后取出，沥干多余的水分。

3. 杂交和观察

（1）将湿润的尼龙膜置于一张干的滤纸上，在交联设备中用波长 254 nm 按照 $1.5\ J \cdot cm^{-2}$ 的强度交联 2 min（也可用微波 750～900 W，对膜加热 2～3 min）。

（2）用探针对固定化的 RNA 进行杂交，加入化学发光检测液，并进行拍照。

4. 可能出现的问题及原因分析

出现灵敏度低或信号弱：

（1）探针的使用效率低，注意探针的保存和处理。

（2）使用阳性尼龙膜。

（3）增加标记探针的浓度，或减少洗涤次数和时间。

（4）增加曝光时间，使用高灵敏度的化学发光胶片。

尼龙膜显色后有高背景：

（1）纯化的 DNA 或 RNA 在标记前用乙醇沉淀，确认探针的特异性。

（2）选择结合效果适宜的膜，可以先进行预实验验证结合和显色效果。

（3）使用新的发光底物，将 DIG 探针浓度稀释，杂交过程中一定要避免让膜干燥。

（4）将抗 DIG-AP 的酶的浓度由原来的 1∶20000 减少到 1∶50000，或增加洗脱和封闭的溶液的体积和次数。

（5）缩短曝光时间，通常为 15～60 s。

思考题

（1）试比较 Southern 印迹杂交和 Northern 印迹杂交的异同。

（2）为什么在搭建转膜装置时，要多次强调去除每层膜之间的气泡？

3.5 RNA 的原位杂交

3.5.1 实验目的

学习 RNA 在细胞或组织切片中精确定量定位的方法及实验操作。

3.5.2 实验原理

RNA 的原位杂交又称 RNA 原位杂交组织化学。该技术是指将特定标记的已知顺序核酸作为探针与细胞或组织切片中的核酸进行杂交，从而对特定核酸序列进行精确定量定位的一种技术。原位杂交可以在细胞标本或组织标本上进行，其基本原理是在细胞或组织结构保持不变的条件下，用标记的已知的 RNA 核苷酸片段，按核酸杂交中碱基配对原则，与待测细胞或组织中相应的基因片段相结合，所形成的杂交体经显色反应后在光学显微镜或电子显微镜下观察其细胞内相应的 mRNA、rRNA 和 tRNA 分子。

3.5.3 实验用品

实验材料：新鲜植物组织材料。

实验试剂和耗材：

(1) 4%多聚甲醛固定液（pH=7.0)：4%多聚甲醛、0.1% Tween 20、0.1% Triton X-100。其中多聚甲醛有剧毒，操作应戴手套且在通风橱内进行。

(2) 30%蔗糖溶液（DEPC 水配制)。

(3) OCT 包埋剂（optimal cutting temperature compound，一种聚乙二醇和聚乙烯醇的水溶性混合物)：30%蔗糖：OCT=1：1 混合溶液。

(4) RNA 稀释缓冲液：DEPC H_2O：20×SSC：甲醛 = 5：3：2。

(5) 马来酸缓冲液（500 mL)：利用马来酸 5.8 g、NaCl 4.4 g、NaOH 3.5 g 和 ddH_2O 500 mL 共同配制而成。

(6) 冲洗缓冲液（50 mL)：马来酸缓冲液 50 mL、Tween 20 150 μL，磁力搅匀。

(7) 封闭液（30 mL)：马来酸缓冲液 30 mL、封闭剂（blocking reagent) 0.3 g，磁力搅拌和加热至 60 ℃～65 ℃，溶解时呈云雾状，降至室温使用。

(8) 10×TNM-50：1 mol・L^{-1} Tris-HCl（pH=9.5)、1 mol・L^{-1} NaCl。

(9) 10×检测缓冲液：10×TNM-50 1.5 mL 加 ddH_2O 至 15 mL。

(10) 显示液（2 mL)：10×检测缓冲液 200 μL、1 mol・L^{-1} $MgCl_2$ 100 μL、NBT/BCIP 30 μL、ddH_2O 1700 μL（使用前配制)。

(11) 4%多聚甲醛（300 mL)：10×PBS 30 mL、ddH_2O 270 mL、NaOH 0.18 g、Triton X-100 300 μL。

(12) 杂交液（100 μL)：溶液 A 77.2 μL（去离子甲酰胺 5000 μL、50% dextran sulfate 1000 μL、10×blocking reagent 1000 μL、5 mol・L^{-1} NaCl 600 μL、1 mol・L^{-1} Tris-HCl 100 mL、0.5 mol・L^{-1} EDTA 20 μL，pH=7.5) + 溶液 B 22.8 μL（20 μg・$μL^{-1}$ polyA 2.5 μL、10 mg・mL^{-1} tRNA 1.5 μL、probe 水溶液 18.8 μL，−20 ℃ 保存)。

(13) 乙酰化试剂：三乙醇胺（三乙醇胺原液浓度为 7.4～7.5 mol・L^{-1}) 1.072 mL、ddH_2O 80 mL、浓 HCl 320 μL（调 pH 值至 8.0)、乙酸酐 200 μL

(−20 ℃ 保存)。

(14) TBS: 100 mmol·L^{-1} Tris-HCl (pH=7.5)、150 mmol·L^{-1} NaCl。

(15) blocking solution: 2% BR、0.1% Triton X-100、TBS 配制，分装至 1 mL 离心管 (−20 ℃ 保存)。

(16) BSA washing solution: 1% BSA、0.3% Triton X-100、TBS 配制 (−20 ℃ 保存)。

(17) 抗体溶液：抗体与 BSA washing solution 的比例 (V/V) 为 1∶100～1000，通常为 1∶300。

(18) 100 mL 量筒、500 mL 量筒、500 mL 三角瓶、50 mL 三角瓶、不锈钢药勺、小培养皿、不锈钢玻片。

实验仪器：循环水浴真空泵、冷冻切片机、烘箱、脱色摇床、凝胶成像系统。

3.5.4 实验步骤

1. 植物材料的固定、包埋

(1) 取新鲜植物材料，放入装有 4%多聚甲醛固定液的试剂瓶中 (固定液∶材料 ≥20∶1)。

(2) 在通风橱中抽真空，直至材料沉没在固定液中，尽量缩短时间且尽量不要使液体过分沸腾。

(3) 抽真空后更换一次新鲜的 4%多聚甲醛固定液，4 ℃过夜。

(4) 将沉入固定液底部的材料移入 30%蔗糖溶液中，处理过夜。

(5) 将沉入 30%蔗糖溶液底部的材料移入 OCT 包埋剂中处理 1 h。

(6) 将材料转入新鲜的纯 OCT 溶液中，处理 2 h 以上 (最好过夜)，注意避免产生气泡。

(7) 用锡箔纸叠成容器状，倒入 OCT，将材料按所需方向放入其中，−70 ℃保存备用。

2. 切片和展片

(1) 采用冷冻切片方法进行。由于冷冻切片温度低 (−20 ℃)，而载玻片温度高，因此只需将载玻片贴合在切片上方，即可将薄切片吸粘于载玻片上。切片前仔细清洗冷冻切片机内非有机部分，且刀片预先 180 ℃烘 5 h，毛刷用氯仿浸泡处理 30 min，并在通风橱中吹风散味，用锡箔纸包好备用。

(2) 切片厚度 7～10 μm，在展片台上展平 (数分钟)，用干净滤纸吸去蜡带下面多余的水。之后放入铝饭盒中，置于 47 ℃～48 ℃温箱中烘干 36 h。

(3) 4 ℃保存切片。

3. 探针灵敏度的检测

(1) 用 RNA 稀释缓冲液梯度稀释合成的探针，此步需准备已知的阳性探针做对

照。

（2）取对照和自己合成的探针各 1 μL 点于尼龙膜上（上下两排），将膜用干净滤纸包好，80 ℃烘干 2 h。

（3）将膜放入 50 mL 离心管中，点样面向内，用冲洗缓冲液冲洗 2 min。

（4）换入封闭液 15 mL，在摇床上轻微振摇 30 min（最后 2～5min 时准备抗体溶液）。

（5）换入抗体溶液（封闭液 15 mL，加抗体 1.5 μL），在摇床上轻微振摇 30 min。

（6）换入冲洗缓冲液 20 mL，在摇床上轻微振摇 15 min。重复 1 次。

（7）换入检测缓冲液 15 mL，在摇床上轻微振摇 5 min。

（8）将膜放入暗盒中，点样面向上。加入显色液，黑暗处显色 2 h 或过夜。观察拍照。

4. 脱蜡与杂交

（1）在 37 ℃水浴锅中，使用二甲苯溶液清洗切片 2 次，每次 10 min。

（2）更换二甲苯：100%乙醇等体积混合溶液，清洗 5 min。

（3）使用无水乙醇清洗切片 2 次，每次 5 min；之后依次使用 95%乙醇、70%乙醇/0.85% NaCl、50%乙醇/0.85% NaCl、30%乙醇/0.85% NaCl、PBS 清洗，每次 2 min。

（4）更换 4%多聚甲醛清洗 5 min，之后使用 PBS 清洗 2 min，洗掉多余的多聚甲醛。

（5）0.2 mol・L^{-1} HCl 清洗 20 min，使蛋白质变性，之后用蛋白酶 K buffer 洗掉 HCl。

（6）加入蛋白酶 K（5～10 μg・mL^{-1}，新鲜配制），反应 30 min。

（7）加入甘氨酸（100 mmol・L^{-1}，新鲜配制）终止反应，之后加入 PBS 清洗 2 min。

（8）加入乙酰化试剂反应 10 min。

（9）转入湿盒中，如新鲜的乙酰化试剂 50 mL，加入预杂交液，42 ℃～45 ℃覆膜反应 1～2 h。

（10）更换为杂交液，42 ℃～45 ℃覆膜反应 16～18 h。

5. 显色

（1）转移至 1×SSC 溶液中，37 ℃温箱清洗 2 次，每次 15 min。

（2）更换 TBS 溶液，37 ℃温箱清洗 2 次，每次 10 min。

（3）使用 blocking solution 反应 30 min。

（4）加入 BSA washing solution 清洗 40 min。

（5）加入抗体溶液反应 2～3 h。

（6）使用 TBS 溶液清洗多余的抗体 3 次，每次 10 min。

(7) 使用 TNM-50 清洗 10 min。

(8) 加入显色液，黑暗条件下显色 2 h 以上，观察拍照。

思考题

(1) RNA 原位杂交探针设计的原则有哪些？

(2) RNA 原位杂交要注意哪些实验细节？

第4章　蛋白质操作技术

蛋白质是生命活动存在的物质基础，在细胞中承担的功能多种多样。蛋白质不仅是细胞的重要组成成分，也是构成生物体结构的重要物质。蛋白质还在生物酶的催化、物质跨膜运输、信息传递功能和免疫功能上起重要作用。一般情况下蛋白质很难单独发挥作用，都是由多个蛋白质分子的相互协调或DNA与蛋白质的相互作用共同实现复杂的细胞功能。因此，在基因工程技术中，蛋白质—蛋白质相互作用、DNA—蛋白质相互作用越来越受到关注。本章重点介绍了总蛋白的提取及聚丙烯酰胺凝胶电泳、凝胶迁移实验、Western blot实验以及免疫共沉淀和双分子荧光互补等蛋白质相关的常用实验技术，能够为大家快速掌握蛋白质操作技术提供有力的支撑。

4.1　总蛋白的提取及聚丙烯酰胺凝胶电泳

4.1.1　实验目的

（1）掌握植物总蛋白的提取方法。
（2）学习掌握不同蛋白分离的方法。

4.1.2　实验原理

蛋白质存在于植物体的组织细胞中，在分离纯化之前必须采用适当方法使蛋白质以溶解状态释放出来。通常是先将生物组织进行机械破碎。由于一般的机械方法不能破坏细胞，因此还需要进一步将细胞破碎，常用的方法有研磨法、超声波法、冻融法和酶解法等。样品经细胞破碎后，各种蛋白质被释放出来。根据不同蛋白质的特性，选择不同的溶剂进行抽提，水溶性蛋白质可以用中性缓冲液抽提。得到的粗抽提物，经离心除去固体杂质后，可得到植物总蛋白。

SDS-PAGE（SDS变性不连续聚丙烯酰胺凝胶电泳）的分离原理是阴离子表面活性剂SDS可以断开蛋白质分子内和分子间的氢键，破坏蛋白质分子的二级及三级结构，并与蛋白质的疏水部分相结合，破坏其折叠结构，在沸水中3～5 min后SDS与蛋白质充分结合形成SDS-蛋白质复合物，复合物在强还原剂巯基乙醇存在时，蛋白质分子内的二硫键被打开，蛋白质完全变性和解聚，并形成棒状结构，稳定地存在于均一的溶液中。SDS与蛋白质结合后使SDS-蛋白质复合物上带有大量的负电荷，平均每两个氨基酸残基结合一个SDS分子，这时各种蛋白质分子本身的电荷完全被SDS掩盖，远远超过其原来所带的电荷，从而使蛋白质原来所带的电荷可以忽略不计，消除了不同分子之间原有的电荷差别，其电泳迁移率主要取决于蛋白质亚基分子质量的大小，这样分离出的谱带也为蛋白质的亚基。

样品处理液中通常加入溴酚蓝染料，溴酚蓝指示剂是一个较小的分子，可以自由通过凝胶孔径，所以它显示着电泳的前沿位置，当指示剂到达凝胶底部时，即可停止电泳。外样品处理液中也可加入适量的甘油或蔗糖以增大溶液密度，使加样时样品溶液可以沉入样品加样槽底部。与核酸分离使用的琼脂糖凝胶电泳一样，SDS-PAGE 的凝胶浓度也决定其分离效率。对于已知分子量的蛋白质，可参考表 4-1 选择所需分离胶浓度。如果是未知样品，常常先用 7.5%的标准凝胶制成多个梯度的凝胶进行实验，以便选择理想的胶浓度。

表 4-1 凝胶浓度与分离蛋白大小

蛋白相对分子量/kDa	凝胶浓度/%
4～40	20
12～45	15
10～70	12.5
15～100	10
25～200	8

不同浓度的分离胶和浓缩胶配制方法见表 4-2、表 4-3：

表 4-2 分离胶（5 mL 体积）配制

试剂	浓度				
	6%	8%	10%	12%	15%
ddH_2O	2.6	2.3	1.9	1.6	1.1
30%丙烯酰胺混合液	1.0	1.3	1.7	2.0	2.5
1.5 $mol \cdot L^{-1}$ Tris（pH=8.8）	1.3	1.3	1.3	1.3	1.3
10% SDS	0.05	0.05	0.05	0.05	0.05
10% 过硫酸铵（AP）	0.05	0.05	0.05	0.05	0.05
TEMED	0.004	0.003	0.002	0.002	0.002

表 4-3 5%浓缩胶配制

试剂	总体积/mL				
	1	2	3	4	5
ddH_2O	0.68	1.4	2.1	2.7	3.4
30%丙烯酰胺混合液	0.17	0.33	0.5	0.67	0.83
1.0 $mol \cdot L^{-1}$ Tris（pH=6.8）	0.13	0.25	0.38	0.5	0.63
10% SDS	0.01	0.02	0.03	0.04	0.05
10% 过硫酸铵（AP）	0.01	0.02	0.03	0.04	0.05
TEMED	0.001	0.002	0.003	0.004	0.005

4.1.3 实验用品

实验材料：新鲜植物组织材料。

实验试剂和耗材：

（1）蛋白提取缓冲液，见表 4-4。

表 4-4 蛋白提取缓冲液

试剂	剂量
Tris-MES（0.5 mol・L^{-1}，pH=8.0）	10 mL
EDTA（0.5 mol・L^{-1}，pH=8.0）	2 mL
Sucrose	17.115 g
$MgCl_2$（1 mol・L^{-1}）	0.1 mL
DTT（1 mol・L^{-1}）	0.5 mL
蛋白酶抑制（50×）	2 mL
ddH_2O	补至 100 mL

（2）30%丙烯酰胺混合液：将 30 g 丙烯酰胺和 0.8 g N，N′-亚甲丙烯酰胺溶于总体积为 60 mL 的水中，37 ℃加热至全部溶解，补加水至终体积为 100 mL，用 0.45 μm 微孔滤膜过滤除菌。

注意：该溶液 pH 值应不大于 7.0，置于棕色瓶中保存。丙烯酰胺具有很强的神经毒性并可通过皮肤吸收，其作用具有累积性。称量丙烯酰胺和 N，N′-亚甲丙烯酰胺时应戴手套和面具。一般聚丙烯酰胺无毒，但也应谨慎操作，因为它还可能含有少量未聚合材料。

（3）TEMED（N，N，N，N′-四甲基乙二胺）：TEMED 通过催化过硫酸铵形成自由基而加速丙烯酰胺和 N，N′-亚甲丙烯酰胺的聚合。

（4）10%过硫酸铵（AP）：过硫酸铵，提供驱动丙烯酰胺和亚甲丙烯酰胺聚合所必需的自由基。可用去离子水配制少量 10%（m/V）的贮存液并保存于 4 ℃。由于过硫酸铵会缓慢分解，故使用前应新鲜配制。

（5）4×Tris-HCl（pH=8.8）：在 300 mL ddH_2O 中溶解 91 g Tris 碱（1.5 mol・L^{-1}），用 1 mol・L^{-1} HCl 调 pH 值至 8.8，补加 ddH_2O 至体积 500 mL，用 0.45 μm 滤膜过滤溶液。

（6）4×Tris-HCl（pH=6.8）：在 40 mL ddH_2O 中溶解 6.05 g Tris 碱（0.5 mol・L^{-1}），用 1 mol・L^{-1} HCl 调 pH 值至 6.8，补加 ddH_2O 至体积 100 mL，用 0.45 μm 滤膜过滤溶液。

（7）4×SDS 电泳缓冲液：Tris base 24.2 g、Glycerin 115.3 g、20% SDS 20 mL，加水至总体积 1000 mL。

（8）染色液：考马斯亮蓝 R250 2.5 g、冰乙酸 92 mL、甲醇 454 mL、去离子水 454 mL 完全溶解，过滤后置于棕色瓶中保存。

（9）脱色液：取甲醇 50 mL、冰乙酸 75 mL，加蒸馏水至 1000 mL。

(10) 分离胶及浓缩胶溶液（使用时根据实验步骤中的方法现配现用）、异丙醇、蛋白质分子量标准混合物（marker）、1×SDS 电泳缓冲液。

实验仪器：微量进样器、恒流电源、电泳装置及夹子、玻璃板、灌胶支架、缓冲液槽等附件、0.75 mm 封边垫片、0.75 mm 样品梳子。

4.1.4 实验步骤

1. 植物蛋白的提取

(1) 取冻存的植物材料 2 g，加入液氮研磨成粉末。

(2) 加入适量蛋白提取缓冲液（材料：提取液=1∶1.5），冰上孵育 30 min。

(3) 4 ℃，12000 $r \cdot min^{-1}$ 离心 20 min，取上清液放−80 ℃冻存备用。

2. SDS-聚丙烯酰胺凝胶电泳（SDS-PAGE）

(1) 选择两块干净的玻璃平板和 0.75 mm 垫片组装电泳装置中的玻璃平板夹层，并固定在灌胶支架上。按表 4-5 顺序配制分离胶液体，最后加入 10%的过硫酸铵和 TEMED，轻轻搅拌混匀，并倒入制胶板的夹缝内，小心滴加水或异丙醇于分离胶上层进行封闭。在室温下放置 30 min，使凝胶完全聚合凝固。

SDS-PAGE 分离胶配制（10%，7.5 mL，分离胶体积根据胶板厚度确定），见表 4-5：

表 4-5 SDS-PAGE 分离胶配制

试剂	用量
ddH_2O	2.95 mL
30% Acr-Bis	2.5 mL
Tris-HCl（1.5 $mol \cdot L^{-1}$，pH=8.8）	1.9 mL
10% SDS	750 μL
10%过硫酸铵（AP）	750 μL
TEMED	3 μL

(2) 待水层和胶层之间出现清晰的界线后，倒掉封闭液，并用滤纸吸干残留的水分，若胶无法凝固，问题在于过硫酸铵或 TEMED，或两者都有。

(3) 按照表 4-6 中的配方配制浓缩胶，将液体加入玻璃平板夹层，直至夹层的顶部，并插上样品梳子。

表 4-6 SDS-PAGE 浓缩胶配制

试剂	用量
ddH_2O	2.1 mL
30% Acr-Bis	0.5 mL
Tris-HCl（1 $mol \cdot L^{-1}$，pH=6.8）	0.38 mL

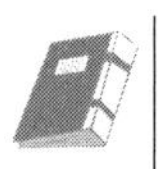

续表

试剂	用量
10% SDS	30 μL
10% 过硫酸铵（AP）	30 μL
TEMED	6 μL

（4）日光灯下聚合 30 min 后，小心拔出梳子，避免撕裂聚丙烯酰胺凝胶加样孔。取出梳子后，以 1×SDS 电泳缓冲液冲洗加样孔，并加满缓冲液保存。

（5）将凝胶板固定到电泳装置的上缓冲液室（上槽），同时往下缓冲液室（下槽）加入推荐量的 1×SDS 电泳缓冲液。将固定于上槽的凝胶板放入下槽中，并往上槽加入部分电泳缓冲液至刚好淹没凝胶的加样孔。

（6）蛋白样品加入 5×Protein Loading，100 ℃变性 5 min。之后用带平嘴针头的 50 μL 注射器将同样浓度的蛋白质样品等体积加入样品孔中，小心加样使样品在孔的底部成一薄层，对照孔加入蛋白质分子量标准样品，如有空置的加样孔，须加等体积的空白 1×SDS 样品缓冲液，以防相邻泳道样品的扩散。

（7）再往上槽加入余下的 1×SDS 电泳缓冲液。此操作应缓慢小心，以防冲起样品孔中的样品。

（8）连接电源，对于 0.75 mm 厚的垂直板电泳，先在 80 V 下电泳至溴酚蓝染料从积层胶进入分离胶，再将电压调至 120V 继续电泳至溴酚蓝到达凝胶底部为止。

（9）关闭电源并撤去连接的导线，弃去电泳缓冲液。连同上槽一起将凝胶夹层取出。小心地将封边的垫片抽出一半，并以此为杠杆撬起上面的玻璃平板，使凝胶暴露出来。小心从下面的玻璃平板上移出凝胶，在凝胶的一角切去一小块以便在染色及干胶后仍能认出加样次序。

（10）之后放置于 5%的考马斯亮蓝试剂中染色 5 min，观察蛋白条带。

4.1.5　实验注意事项

（1）使用液氮时，请注意戴上防冻手套，避免被液氮冻伤。若研磨的组织量较多，可多次加入液氮，保证植物组织处于充分冷冻状态时研磨。

（2）植物细胞壁的破碎程度会影响蛋白的抽提效果，故在植物蛋白的提取步骤（1）中，尽量将植物组织充分研磨粉碎，以破碎细胞壁，促进细胞蛋白的释放，同时尽量不要取维管组织丰富的植物部位。

（3）用含有 SDS、尿素等的缓冲液对冷冻干燥的样品进行溶解，有助于疏水性蛋白质的完全溶解。

思考题

（1）提取的蛋白样品在跑胶之前为什么要进行变性处理？

（2）为什么样品会在浓缩胶中被压缩成一层？

4.2 凝胶迁移实验

4.2.1 实验目的

熟悉核酸和蛋白质相互作用的原理和方法。

4.2.2 实验原理

凝胶迁移或电泳迁移率实验（electrophoretic mobility shift assay，EMSA）是一种研究DNA和蛋白相互作用的技术，可用于定性和定量分析。这一技术最初用于研究DNA结合蛋白，目前已用于研究RNA结合蛋白和特定的RNA序列的相互作用。通常将纯化的蛋白和生物素标记的DNA探针一同保温，在非变性的聚丙烯凝胶电泳上，分离复合物和非结合的探针。DNA-复合物比非结合的探针移动得慢。检测如转录调控因子一类的DNA结合蛋白，可用纯化蛋白、部分纯化蛋白或核细胞抽提液。竞争实验中采用含蛋白结合序列的DNA和寡核苷酸片段（特异）及其他非相关的片段（非特异），来确定DNA结合蛋白的特异性。在竞争的特异和非特异片段的存在下，依据复合物的特点和强度来确定特异结合。

4.2.3 实验用品

实验材料：已纯化的蛋白。

实验试剂和耗材：Thermo Scientific Light Shift 化学发光 EMSA 试剂盒、生物素标记的探针、非生物素标记的竞争性探针、无水乙醇、TBE buffer、重蒸水、甲叉双丙烯酰胺、丙烯酰胺、甘油、过硫酸铵、TEMED（四甲基乙二胺）、溴酚蓝等。

实验仪器：水浴锅、PCR仪、离心机、电泳仪、电泳槽系统等。

4.2.4 实验步骤

1. 制胶

按表4-7配制70 mm×70 mm×1 mm的6%PAGE胶两块，胶要充分凝固。将所有可能用到的实验用品彻底清洗，防止残留的SDS的影响。用预冷的0.5×TBE作为缓冲液，外围缓冲液加到加样孔的底部以利于散热，100 V低温预电泳30～60 min，在预电泳的时候进行后面反应体系的操作。

表4-7　制胶配制

母液成分	体积
5×TBE	2 mL
30% PAGE	4 mL
50%甘油	1 mL
H_2O	12.88 mL

续表

母液成分	体积
TEMED	20μL
10% 过硫酸铵（AP）	100μL
总体积	20 mL

2. 探针稀释

对生物素标记的单链探针，配制成 100 μmol・L^{-1} 母液，然后取等量混匀（5 μL：5 μL），PCR 仪上 94 ℃保温 2 min，然后从 72 ℃到 25 ℃，每 30 s 降一度（每种温度保持 30 s），使得退火和复性得到双链探针，然后取 1 μL，稀释 2500 倍，得到浓度为 20 nmol・L^{-1} 的工作液。对无修饰的竞争探针，按上述的方法得到双链后稀释 50 倍，得到浓度为 1 μmol・L^{-1} 的工作液。

3. 反应体系配制和电泳

按照表 4-8 加入各个物质，实际根据不同的蛋白进行调整。

表 4-8 加样体系

母液成分	标签蛋白＋探针	目标蛋白＋探针	目标蛋白＋探针＋100×竞争探针	目标蛋白＋探针＋200×竞争探针
H_2O	10	10	8	6
10×binding buffer	2	2	2	2
poly（Di. dC）	1	1	1	1
50% Glycerol	1	1	1	1
1% NP-40	1	1	1	1
100 mmol・L^{-1} $MgCl_2$	1	1	1	1
200 mmol・L^{-1} EDTA（先稀释 10×）	1	1	1	1
竞争探针	0	0	2	4
蛋白质	2	2	2	2
标记探针	1	1	1	1

注：使用的标记探针总量 20 fmol。

上述反应体系，加样时不得改变加样顺序，除生物素标记的探针外，其他组分加样完毕后，室温放置 20 min，再加入生物素标记探针。整个过程不得振荡，除蛋白质室温溶解外，其余组分皆冰上溶解，最后加入生物素标记探针后，枪头混匀，不得振荡。室温反应 20 min，然后加入 5μL 5×loading buffer，枪头混匀，不得振荡。

取 20 μL 上样检测，上样前需要吹洗点样孔。加入冰冷的 0.5×TBE 后，将电泳槽置于 4 ℃冰箱或冰中在 100 V 下电泳，使得溴酚蓝至胶长的 2/3～3/4 处。跑胶快结束时，提前将后续实验用到的尼龙膜（8.5 cm×6.5 cm）和滤纸放置在冰冷的 0.5×TBE 中至少 10 min。

4. 转膜

在一个盒子的 0.5×TBE 溶液中放入 3 张滤纸，然后再小心地将胶放到滤纸上面，尽可能对齐后，从滤纸底部将它们捞起，放在台上。在胶上顺次放上膜和 3 张滤纸，然后再整体从底部托起，翻转 180°，使得膜在下，胶在上，放在转膜仪的厚滤纸上，再在上面盖上一层厚滤纸完成操作，滤纸上尽量多加入些冰冷的 0.5×TBE 以防止滤纸和膜干燥影响实验。

转膜用恒流进行，5.5 mA·cm^{-2}，转膜时间为 30 min。转膜结束后，将溴酚蓝一面向上，将膜放在滤纸上，立即紫外交联，能量 1200，时间 2 min，交联两次。此后，膜可以干燥保存几天，也可以立即进行显色反应。

5. 显色

根据试剂盒的说明书进行，Thermo Scientific Light Shift 化学发光 EMSA 试剂盒所提供的操作如下：

（1）加 10 mL 左右 blocking buffer 封闭 15 min，摇床转速调到最小值。

（2）准备 conjugate/blocking buffer solution（1/300），33 μL stabilized streptavidin-horseradish peroxidase conjugate 加到 10 mL blocking buffer 中。倒掉 blocking buffer 后加入 10 mL conjugate/blocking buffer，摇床低速摇 15 min。

（3）准备 1×wash solution、20 mL 4×wash buffer 加到 60 mL MilliQ 中。将膜转移到新的盒子中，加入 10 mL 1×wash buffer，轻柔地洗膜 5 min。重复洗膜 6 次。

（4）将膜转移到新的盒子中，加入 10 mL substrate equilibration buffer，摇床低速摇 5 min。

（5）准备 chemiluminescent substrate working solution，3 mL luminol/enhancer solution 加到 3 mL stable peroxide solution 中。注意避光，任何强度的光照都会损伤工作液。

（6）从 substrate equilibration buffer 中取出膜，并尽量吸干膜上的液体，将膜放在一个干净的盒子中。加入 chemiluminescent substrate working solution 孵育 5 min，注意不要晃动盒子。

（7）从 working solution 中取出膜，将膜封存到透明的薄膜中，在化学发光仪中显色 2～5 min。需要调整曝光值来获取最佳的影像。

思考题

（1）EMSA 实验中双链探针是如何制备的？为什么要加竞争性探针？

（2）EMSA 实验的电泳跟 Western blot 电泳有何区别？

4.3 Western blot 实验

4.3.1 实验目的

学习了解常用的蛋白质定量检测方法。

4.3.2 实验原理

基因翻译的最终结果是产生相应的蛋白质，基因翻译是基因表达的重要过程，因此检测蛋白质是测定基因表达的主要手段之一。检测蛋白质的方法很多，除酶联免疫吸附实验（ELISA）法外，也可用与检测 DNA 和 RNA 印迹杂交相类似的方法。前两种方法有“南”和“北”之意，故本法遂被延伸称为 Western（西）印迹法。本方法先用 SDS 聚丙烯酰胺凝胶电泳分离不同大小的蛋白质，然后将聚丙烯酰胺凝胶上分离出的蛋白质转移到硝酸纤维素膜上并与第一抗体共孵。第一抗体专一地与分离的蛋白质的抗原决定簇结合，然后用带检测标记的二抗，如辣根过氧化物酶连接的山羊二抗 IgG 检测已结合上去的一抗。

Western 印迹转膜的过程是从凝胶上直接把蛋白转移至硝酸纤维素滤膜之上。把凝胶的一面与硝酸纤维素滤膜相接触，然后将凝胶及与之相贴的滤膜夹于滤纸、两张多孔垫料以及两块塑料板之间。把整个结合体浸泡于配备有标准铂电极并装有 pH 值为 8.3 的 Tris-甘氨酸缓冲液的电泳槽中，使硝酸纤维素滤膜靠近阳极一侧，然后接通电流约 0.5 h。在此期间，蛋白质从凝胶中向阳极迁移而结合在硝酸纤维素滤膜上。为了防止过热并导致在夹层中形成气泡，转移过程应在冷室中进行。

4.3.3 实验用品

实验材料：硝酸纤维素滤膜，定制一抗、二抗。

实验试剂和耗材：

（1）蛋白湿转缓冲液（1 L）：Tris 3.03 g、甘氨酸 14.4 g、ddH_2O 800 mL、甲醇 200 mL。

（2）10 × PBS 缓冲液（1 L，pH=7.4）：NaCl 81.82 g、KCl 2.013 g、$Na_2HPO_4 \cdot 12H_2O$ 38.81 g、KH_2PO_4 2.45 g，ddH_2O 定容至 1 L。将 10×PBS 缓冲液稀释 10 倍，并加入 Tween-20（终浓度为 0.05%）即为 PBST 溶液。

（3）HRP 显色试剂盒、脱脂奶粉、醋酸纤维膜或 PVDF 膜、铅笔、剪刀、丽春红染液、镊子、滤纸等。

实验仪器：离心机、垂直电泳仪及转膜系统等。

4.3.4 实验步骤

（1）当 SDS 聚丙烯酰胺凝胶电泳行将结束时，用蒸馏水淋洗电极板，然后用纸巾吸干电极板上黏附的液滴。戴上手套，切 2 张厚滤纸、2 张薄滤纸和 1 张硝酸纤维

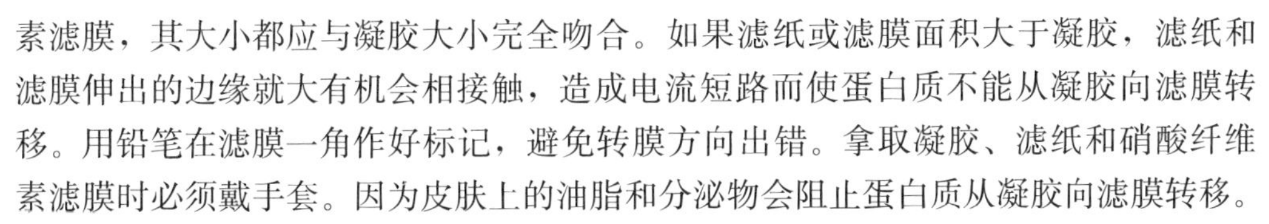

素滤膜，其大小都应与凝胶大小完全吻合。如果滤纸或滤膜面积大于凝胶，滤纸和滤膜伸出的边缘就大有机会相接触，造成电流短路而使蛋白质不能从凝胶向滤膜转移。用铅笔在滤膜一角作好标记，避免转膜方向出错。拿取凝胶、滤纸和硝酸纤维素滤膜时必须戴手套。因为皮肤上的油脂和分泌物会阻止蛋白质从凝胶向滤膜转移。

(2) 平放底部电极（阴极），放一张海绵垫片。在海绵垫片上放置3张用转移缓冲液浸泡过的滤纸，逐张叠放，精确对齐，从下到上按照厚滤纸—薄滤纸—胶—膜—薄滤纸—厚滤纸的顺序将它们压在一起，组装成一个“三明治”结构并夹好，须确保各层精确对齐并不留气泡。

(3) 将“三明治”结构装入电泳槽内，倒入湿转缓冲液，连接电源。根据凝胶面积按300 mA接通电流，80 V转移90 min。

(4) 断开电源并拔下槽上插头，从上到下拆卸转移装置，逐一掀去各层。将凝胶转移至盛有丽春红（该染料只会短暂显色，而且在进行Western印迹时可被洗去，丽春红染色并不影响之后用于检测抗原的显色反应）染液的托盘中，进行染色，以便检查蛋白质转移是否完全。

(5) 取出硝酸纤维素膜，贴近胶的一面朝上平放入5%的脱脂奶粉（PBST配制）中，在脱色摇床上缓慢封闭1 h。

(6) 将转好的硝酸纤维素膜放入加好一抗的PBST缓冲液中，室温下在摇床上缓慢杂交1.5 h（一抗稀释5000倍）。

(7) 倒掉一抗，加入30 mL PBST洗膜15 min，重复3次。

(8) 将硝酸纤维素膜转移到加好二抗的PBST缓冲液中，室温下在摇床上缓慢杂交1 h（二抗为HRP标记，稀释2000倍）。倒掉二抗，加入30 mL PBST洗膜15 min，重复3次。

(9) 倒掉PBST，用吸水纸从侧面吸取残留的溶液后，用HRP显色试剂盒显色5 min，压片，拍摄滤膜照片，留作实验记录。

思考题

(1) 总结Southern blot、Northern blot和Western blot的异同。

(2) 实验中为什么不能用手触摸膜？

(3) 根据实验过程的体会，总结如何做好聚丙烯酰胺垂直板电泳，指出哪些是关键步骤。

4.4 免疫共沉淀技术

4.4.1 实验目的

掌握常见蛋白互作技术的原理和方法。

4.4.2 实验原理

免疫共沉淀（co-immuno precipitation，Co-IP）是以抗体和抗原之间的专一性作用为基础的用于研究蛋白质相互作用的经典方法，是确定两种蛋白质在完整细胞内生理性相互作用的有效方法。其原理是当细胞在非变性条件下被裂解时，完整细胞内存在的许多蛋白质—蛋白质间的相互作用被保留了下来。如果用蛋白质 X 的抗体免疫沉淀 X，那么与 X 在体内结合的蛋白质 Y 也能沉淀下来。目前多用精制的 protein A 预先结合固化在琼脂糖的磁珠上，使之与含有抗原的溶液及抗体反应后，磁珠上的 protein A 就能吸附抗原达到获得互作蛋白的目的。这种方法常用于测定两种目标蛋白质是否在体内结合，也可用作确定一种特定蛋白质的新的作用搭档。

其优点为：相互作用的蛋白质都是经翻译后修饰的，处于天然状态；蛋白的相互作用是在自然状态下进行的，可以避免人为的影响；可以分离得到天然状态的相互作用蛋白复合物。

其缺点为：可能检测不到低亲和力和瞬间的蛋白质—蛋白质相互作用；两种蛋白质的结合可能不是直接结合，而可能有第三者在中间起桥梁作用；必须在实验前预测目的蛋白是什么，以选择最后检测的抗体，若预测不正确，实验就得不到结果。

4.4.3 实验用品

实验材料：水稻基因已带 FLAG 标签的转基因的水稻叶片。

实验试剂和耗材：

(1) IP 缓冲液：50 mmol·L^{-1} Tris-HCl，pH=7.5；150 mmol·L^{-1} NaCl；1 mmol·L^{-1} DTT；1 mmol·L^{-1} PMSF；2 mmol·L^{-1} EDTA；0.1% Triton X-100；1×protease inhibitor cocktail。

(2) Anti-FLAG M2 Affinity Gel 、Anti-FLAG antibody 等。

实验仪器：高速冷冻离心机、脱色摇床。

4.4.4 实验步骤

(1) 适用范围依据抗体类型（蛋白质 X 自身特异性抗体、蛋白质 X 融合商品化标签抗体）、稳定水稻转基因或瞬时转化烟草、拟南芥等有所不同。本方法试列举：蛋白质 X 融合 FLAG 标签，将该载体转基因转入水稻获得稳定转基因植株，然后用 FLAG 标签抗体利用 Co-IP 方法沉淀与蛋白质 X 互作的蛋白质复合物，用 Western blot 方法检测蛋白质 Y 是否一起被沉淀下来，以确定在水稻体内的蛋白质 X 和蛋白质 Y 是否真正相互作用。

(2) 取水稻叶片 5 g，经液氮研磨后，加入 3 倍体积蛋白 IP 缓冲液（50 mmol·L^{-1} Tris-HCl，pH=7.5；150 mmol·L^{-1} NaCl；1 mmol·L^{-1} DTT；1 mmol·L^{-1} PMSF；2 mmol·L^{-1} EDTA；0.1% Triton X-100；1×protease inhibitor cocktail），在 4 ℃混匀 30 min。

(3) 于 4 ℃ 12000 $r \cdot min^{-1}$ 离心 30 min，将上清转移至一个预冷的新的离心管中。

(4) 用 0.22 μm 滤膜过滤上清，取过滤的 50 μL 上清作为 Input，用于蛋白质 X 的检测。

(5) 按照 Bradford 方法测定蛋白质浓度，一般蛋白质浓度控制在 5～10 $mg \cdot mL^{-1}$。

(6) Anti-FLAG M2 Affinity Gel 预处理。取出 50 μL 预混匀的 Anti-FLAG M2 Affinity Gel 转移至一预冷的离心管中。于 4 ℃ 4000 $r \cdot min^{-1}$ 离心 1 min，小心地将上清吸取弃之。加入 20 倍体积预冷的 TBS 缓冲液（50 $mmol \cdot L^{-1}$ Tris-HCl，pH=7.5；150 $mmol \cdot L^{-1}$ NaCl）以平衡 Gel，于 4 ℃ 4000 $r \cdot min^{-1}$ 离心 1 min，小心地将上清吸取弃之，重复 3 次。于 4 ℃ 12000 $r \cdot min^{-1}$ 离心 15 s，小心地将上清吸取弃之。

(7) 取步骤（5）中的蛋白质加入已平衡化的 Anti-FLAG M2 Affinity Gel 中，于 4 ℃孵育。注意：加入的蛋白质总量与平衡化的 Anti-FLAG M2 Affinity Gel 总量之间的关系没有一定的要求，依赖蛋白质 X 在细胞中的表达丰度。4 ℃孵育时间短至 1 h，长至过夜。

(8) 洗脱 Gel。于 4 ℃ 4000 $r \cdot min^{-1}$ 离心 1 min，小心地将上清吸取弃之。加入 1500 μL 预冷的 IP 缓冲液洗脱 Gel，于 4 ℃孵育 5 min，4000 $r \cdot min^{-1}$ 离心 1 min，小心地将上清吸取弃之，如此重复 3 次。最后于 4 ℃ 12000 $r \cdot min^{-1}$ 离心 15 s，小心地将上清吸取弃之。

注意：洗脱 Gel 的时候可以适当提高 IP 缓冲液中的盐浓度，以提高洗脱的严谨性，防止非特异性结合。盐浓度是经验值，其实就是蛋白质抽提缓冲液，每个实验室都有所差异。

(9) 加入约 40 μL 2×上样缓冲液，100 ℃变性 5 min，稍离心，取适量体积进行 Western blot 实验，分别用商品化 FLAG 标签抗体和蛋白质 Y 抗体进行检测。

比较免疫共沉淀和染色质免疫共沉淀的区别。

4.5 双分子荧光互补技术

4.5.1 实验目的

(1) 学习植物细胞蛋白相互作用 BiFC 技术的原理。

(2) 熟悉烟草植株活体细胞中检测蛋白质—蛋白质相互作用方法。

4.5.2 实验原理

双分子荧光互补（bimolecular fluorescence complementation，BiFC）技术原理

为将蛋白在某些特定的位点切开，形成不发荧光的N和C端两个多肽，称为N片段和C片段。这两个片段在细胞内共表达或体外混合时，不能自发地组装成完整的荧光蛋白，在该荧光蛋白的激发光激发时不能产生荧光。但是，当这两个荧光蛋白的片段分别连接到一组有相互作用的目标蛋白上，在细胞内共表达或体外混合这两个融合蛋白时，由于目标蛋白的相互作用，荧光蛋白的两个片段在空间上互相靠近互补，重新构建成完整的具有活性的荧光蛋白分子，并在该荧光蛋白的激发光激发下，发射荧光。简言之，如果目标蛋白之间有相互作用，则在激发光的激发下，产生该荧光蛋白的荧光；反之，若蛋白之间没有相互作用，则不能被激发产生荧光。常见的荧光蛋白有YFP、GFP、Luciferase等。

4.5.3 实验用品

实验材料：*Nicotiana benthamiana* 烟草种子。

实验试剂和耗材：MES（4-morpholine ethane sulfonic acid）、利福平（rifampicin）、农杆菌和大肠杆菌感受态、YEP液体培养基、注射器。

实验仪器：恒温摇床、PCR仪、离心机、超净工作台、显微镜。

4.5.4 实验步骤

（1）种植 *Nicotiana benthamiana* 烟草。在14 h光照/10 h黑暗，温度25 ℃，相对湿度70%条件下培养大概4～5 w。将含有目的基因的载体转入农杆菌中。GV3101、EHA105、LBA4404这三种农杆菌均有报道可以用于烟草瞬时转化。在培养农杆菌时除了添加载体所含有的抗生素外，不同农杆菌还需要添加其他种类抗生素，比如GV3101还需要添加50 $\mu g \cdot mL^{-1}$ 的利福平。

（2）挑取含有目的载体的农杆菌单克隆至含有相应抗生素的5 mL LB培养基中，在28 ℃ 200 $r \cdot min^{-1}$ 的条件下培养2 d（新鲜转化的农杆菌单克隆在3 mL培养基中培养过夜至1 d即可）。

（3）转移1 mL培养的农杆菌菌液至20 mL含有相应抗生素的LB培养基中扩大培养，该LB培养基含15 $\mu mol \cdot L^{-1}$ 乙酰丁香酮。在28 ℃ 200 $r \cdot min^{-1}$ 的条件下培养至农杆菌生长的对数期（A_{600}=0.5～0.6）。

（4）在室温下5000 $r \cdot min^{-1}$ 离心10 min以收集菌体，用浸染液（含10 $mmol \cdot L^{-1}$ $MgCl_2$、10 $mmol \cdot L^{-1}$ MES、150 $\mu mol \cdot L^{-1}$ 乙酰丁香酮，pH=5.6）悬浮农杆菌菌体至 A_{600}=1.0。室温静置0.5～3 h（至少0.5 h，至多不超过3 h）。

（5）等体积混合两种含有不同质粒的菌体，用1 mL的针头在烟草叶片背面轻轻点开一个小口（注意不要刺穿），再用去掉针头的针管吸取菌液，从叶片伤口处注射到叶片中。用记号笔标记烟草叶片水渍状区域。

（6）注射过的植株于21 ℃左右培养2 d后观察烟草注射农杆菌的区域有无荧光。撕取烟草叶片标记区域（可以不撕，直接用刀挖出靠近伤口的叶片部分即可）用激光共聚焦显微镜进行荧光成像（叶片背面表皮细胞层较好观察）。

实验过程如图4-1所示。

4.5.5 实验注意事项

（1）选择健康、生长状态良好的烟草叶片进行注射，太小的可能注射不进去，太老的表达效率较低。叶片气孔打开的时候比较容易注射，因此最好在白天注射。

（2）农杆菌菌液浓度是需要自己摸索的一个参数，$A_{600}=1.0$ 并不一定适用于所有的基因，高浓度可能导致叶片死亡，或者影响定位结果，建议设置不同浓度梯度进行比较，在可以获得荧光信号的前提下尽量采用低浓度的菌液。

（3）不同外源基因的瞬时表达效率大不相同——这一点在单转做亚细胞定位的时候表现得特别明显，效率高者基本每次都能达到 100% 发光，低者可能转 10 次只能表达出一两次，建议在 BIFC 之前先做个亚细胞定位评价一下两个基因的表达效率，以便调整两个质粒的转化条件。

（4）注射后的植株通常在 2 d 之后观察，但不同基因表达的时间可能在 1～7 d 不等。

图 4-1　双分子荧光互补实验图

思考题

（1）YFP 和 Luciferase 双分子荧光互补技术各自有什么特点？

（2）怎样合理选择对照保证双分子荧光互补实验结果的可靠性？

第 5 章　大肠杆菌基因工程操作流程

大肠杆菌是第一个用于基因工程技术中重组蛋白生产的宿主菌，它不仅具有遗传背景清楚、培养操作简单、转化和转导效率高、生长繁殖快、成本低廉、可以快速大规模地生产目的蛋白等优点，而且其表达外源基因产物的水平远高于其他基因表达系统，表达的目的蛋白量甚至能超过细菌总蛋白量的 30%，因此大肠杆菌是目前外源基因表达最成熟和应用最广泛的蛋白质表达系统。本章重点介绍了大肠杆菌基因工程中的原核表达载体的构建、大肠杆菌感受态的制备及其转化、大肠杆菌阳性克隆的筛选与鉴定、大肠杆菌中外源蛋白的诱导表达、大肠杆菌中蛋白的纯化等基本操作技术。

5.1　原核表达载体的构建

5.1.1　实验目的

掌握载体构建的基本技能，了解连接反应的注意事项。

5.1.2　实验原理

原核表达载体是指能使目的基因在原核细胞中表达的载体。原核表达载体上除了具有复制起点和筛选标记外，还必须具有原核细胞的启动子和终止子，才能实现基因的表达。其中启动子位于多克隆位点的 5′端，终止子位于多克隆位点的 3′端，目的基因插入在多克隆位点上。常用的原核表达载体有 pET 系列、pMAL 系列和 pGEX 系列等。pMAL 系列载体含有编码麦芽糖结合蛋白的大肠杆菌 *malE* 基因，其下游的多克隆位点便于目的基因插入，表达 N 端带有 MBP 的融合蛋白。通过 tac 强启动子和 *malE* 翻译起始信号使克隆基因获得高效表达，并进一步利用 MBP 对麦芽糖的亲和性达到用 Amylose 柱对融合蛋白的亲和纯化。

5.1.3　实验用品

实验材料：pMAL 质粒 DNA（空载体）、切胶回收后带酶切序列的目的基因片段。

实验试剂和耗材：*Bam*HI、*Xba*I、ddH_2O、1.5 mL 离心管、水漂板、移液器吸头、0.2 mL 离心管、T_4 DNA 连接酶及其酶用缓冲液。

实验仪器：高速冷冻离心机、恒温水浴锅、连接仪。

5.1.4　实验步骤

1. 质粒 DNA 和目的基因双酶切

（1）准备两个无菌的 1.5 mL 微量离心管，加入表 5-1 中的溶液混合，分别对质粒和目的基因进行双酶切：

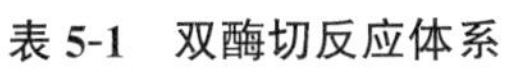

表 5-1 双酶切反应体系

试剂	用量/μL
pMAL 质粒或目的基因片段	6
10×酶切缓冲液	2
Bam HI	1
Xba I	1
ddH_2O	10
总体积	20

(2) 准备一个冰盒并放入一定量的冰块。从−20 ℃冰柜中取出限制性内切酶，立即插入冰块中。

(3) 用一只手的手指捏在盛放酶的微量离心管的上部，另一只手持微量移液器，小心翼翼地吸取 1 μL 限制性内切酶。

(4) 在酶切样品混合液中加入限制性内切酶后，轻轻震动微量离心管使管中的溶液混匀。再在离心机中 1000 $r \cdot min^{-1}$ 离心 10 s。取出后插到水漂的孔中，在推荐的最适酶切温度的水浴中温育 1～3 h（一般是 37 ℃）。

(5) 酶切后取少量酶切产物与合适的已知分子量的 DNA（如先前的 PCR 产物）对比电泳，以确认切下的片段是否为自己想要的片段。

(6) 酶切后的产物切胶回收纯化，去除其他杂质。

2. DNA 片段与表达载体 pMAL 连接

(1) 取一个灭菌的 0.2 mL 微量离心管，按表 5-2 体系加入相关试剂：

表 5-2 连接体系

试剂	用量/μL
回收 DNA 片段	4
酶切后回收的载体	1
T_4 DNA 连接酶（350 $U \cdot \mu L^{-1}$）	0.5
连接酶缓冲液	1
ddH_2O	3.5
总体积	10

(2) 上述混合液轻轻震荡后再短暂离心，然后置于 16 ℃连接仪中保温过夜。

(3) 连接后的产物可以立即用来转化感受态细胞或置于 4 ℃冰箱中备用。

思考题

(1) 连接酶连接的原理是什么？

(2) 为什么要采用 16 ℃下连接？

5.2 大肠杆菌感受态的制备及其转化

5.2.1 实验目的

(1) 了解大肠杆菌感受态细胞的制作过程。

(2) 理解大肠杆菌转化的原理并熟悉操作过程。

5.2.2 实验原理

为了提高受体菌摄取外源DNA的能力，已发现了可以增加细胞吸收外源DNA效率的方法，那就是用化学方法处理细胞，改变细胞膜的通透性，使其更容易吸收外源核酸。$CaCl_2$法是最常用的化学感受态细胞制作方法，将快速生长的大肠杆菌置于经低温预处理的低渗$CaCl_2$溶液中，细胞会吸水膨胀，同时钙离子会使细胞膜磷脂双分子层形成液晶结构，促使细胞外膜与内膜间隙中的部分解离开来。同时，诱导细胞膜通透性发生变化，极易与外源DNA相黏附，并在细胞表面形成抗脱氧核糖核酸酶的羟基—磷酸钙复合物。质粒DNA黏附在细菌细胞表面后，经42 ℃短时间热激处理，在冷热变化刺激下液晶态的细胞膜表面会产生裂隙，使外源DNA进入。细胞吸收外源质粒后，在非选择培养基中培养一代，待质粒上所带的抗性基因表达，就可以在含抗生素的培养基中生长。这种方法已经成为基因工程的常规技术，它对于我们利用体外DNA重组技术来了解真核和原核生物的基因功能特别重要。

5.2.3 实验用品

实验材料：大肠杆菌菌液（不含任何质粒）。

实验试剂和耗材：

(1) LB液体培养基、LB固体培养基。

(2) 5-溴-4-氯-3-吲哚-β-半乳糖苷(5-bromo-4-chloro-3-indolyl-β-*D*-galactopyranoside，X-gal)，异丙基-β-D-硫代半乳糖苷（isopropyl-beta-*D*-thiogalactopyranoside，IPTG)，适用于蓝白斑筛选。

(3) 抗生素（氨苄青霉素、卡那霉素或其他抗生素，50 $mg \cdot mL^{-1}$)，$CaCl_2$ (0.1 $mol \cdot L^{-1}$)。

实验仪器：冷冻离心机、电子天平、无菌操作台、微量移液器、高压蒸汽灭菌锅、紫外分光光度计。

5.2.4 实验步骤

1. 感受态细胞的制备（$CaCl_2$法）

(1) 从LB固体平板挑单克隆于5 mL LB液体培养基中（不加抗生素），37 ℃ 200 $r \cdot min^{-1}$培养12～16 h。

(2) 将菌体按1%～5%的接种量接种到LB培养基中，扩大培养37 ℃ 200 $r \cdot min^{-1}$

培养 2～3 h，至 A_{600} 约为 0.4。

(3) 取培养好的菌液 1.5 mL（或其他容积）于一离心管中，4 ℃ 8000r・min^{-1} 离心 1 min。

(4) 弃上清，加 500 μL 0.1 mol・L^{-1} $CaCl_2$（灭菌，提前预冷）洗菌体，4 ℃ 8000 r・min^{-1} 冷冻离心 1 min。

(5) 彻底除去残余培养液，加 200 μL 0.1 mol・L^{-1} $CaCl_2$（灭菌，提前预冷），悬浮菌体。

(6) 冰浴静置 30 min，4 ℃ 8000 r・min^{-1} 冷冻离心 1 min。

(7) 弃上清，加 100 μL 0.1 mol・L^{-1} $CaCl_2$（灭菌，提前预冷），悬浮菌体，即为制备好的感受态细胞。感受态需要长期保存时，需加入最终浓度含 15%的甘油，并用液氮速冻后放入−80 ℃冰箱。

2. 质粒对大肠杆菌的转化

(1) 取连接目的基因的载体（5～10 μL）加入 100 μL 制备好的感受态细胞，冰上放置 30 min。

(2) 准备 LB 固体培养基，倒培养基之前加入相应抗生素，抗生素浓度为 50 mg・L^{-1}。

(3) 感受态细胞迅速放入 42 ℃恒温水浴锅中，热激 90 s。

(4) 计时结束后迅速冰浴 3 min。

(5) 加入 800 μL LB 液体培养基（不含抗生素），37 ℃轻摇培养 1 h。

(6) 12000 r・min^{-1} 离心 1 min，将带有些许上清的菌体混匀后，涂布在含有 50 mg・L^{-1} 有相应抗生素的 LB 固体培养基中。如果载体和宿主菌适合蓝白斑筛选的话，滴完菌液后再在平板上滴加 40 μL 2% X-gal、8 μL 20% IPTG。玻璃涂布棒用酒精灯烧过后涂布均匀。

(7) 37 ℃倒置，避光培养 16～20 h。

(8) 挑取单菌落进行鉴定。

5.2.5 实验注意事项

(1) 一定要选新鲜平板的单克隆，即刚涂布生长过夜的平板。

(2) 关于菌体的吸光度值，JM109 或 BL21，吸光度值可以为 0.35，DH5α 为 0.4，要尽量保证 A_{600}。

(3) 低温处理后冰上保存 12 h 到 24 h 后分装，长期保存于−80 ℃冰箱中。

(4) 试剂和用品。所有用品（离心管、摇瓶等）尽量使用新的，如果使用旧的，要确保干净，$CaCl_2$ 溶液要过滤除菌，不要高压灭菌。整个过程中注意无菌操作和保持低温。

(5) A_{600} 处的吸光值可间接表示细胞密度，用于判断培养物中的细菌是否大部分处于对数生长期。A_{600} 值在 0.4～0.5 时，细菌处于对数生长期，细胞数可以在 20 min 内加倍，一定要把握好培养时间。

(6) 感受态细胞不能反复冻融，实验时按需取用。

思考题

（1）总结感受态细胞形成的基本原理。

（2）感受态细胞为什么不能反复冻融？

5.3　大肠杆菌阳性克隆的筛选与鉴定

5.3.1　实验目的

（1）学习并掌握阳性克隆的筛选方法。

（2）了解阳性克隆筛选的常用方法和基本原理。

5.3.2　实验原理

为了防止假阳性的出现，需要通过重组子进行鉴定。重组子可通过挑取单克隆并培养菌液和提取质粒后酶切鉴定，阳性重组子能切出所需要的片段，也可以利用引物通过菌落或菌液 PCR 进行鉴定，这是因为大肠杆菌菌体在 PCR 高温变性中会破裂，细胞质中释放的重组质粒可以充当 PCR 的模板，PCR 可以扩增得到相应片段。酶切产物或 PCR 产物经凝胶电泳可以进一步判断是否为连入的外源基因片段，必要时可进一步进行测序，经过上述鉴定后可判断新构建的质粒已重组成功。

5.3.3　实验用品

实验材料：大肠杆菌转化后已长单克隆的 LB 平板。

实验试剂和耗材：牙签、移液器吸头、LB 培养基、20 μL 2% X-gal、7 μL 20% IPTG。

实验仪器：PCR 仪、紫外凝胶成像系统、恒温水浴锅。

5.3.4　实验步骤

1. 酶切验证

（1）直接用牙签或接种针挑取单克隆菌体，加入含相应抗生素的 LB 培养基中，37 ℃摇床培养 12 h。

（2）取菌液并提取质粒（方法参见第 2 章）。

（3）取质粒 5μL 进行琼脂糖凝胶电泳，利用空载体质粒 DNA 作为阴性对照，根据质粒大小初步筛选重组子，重组子的泳动速度应该慢于空载体质粒。

（4）在载体序列、外源基因内部和外源基因插入所用的限制性内切酶中寻找合适的限制性内切酶，对重组子进行酶切分析，酶切体积一般为 10μL。酶切样品进行琼脂糖凝胶电泳，鉴定是否有预测的片段。

（5）双酶切分析后正确的重组质粒分成两份，一份送公司进行测序，另外一份于−20℃低温保存。

2. PCR 法鉴定

若用 PCR 法鉴定，则在取菌液并提取质粒时每个样本取 0.5～1.0 μL 菌液为模板，用特异引物进行 PCR 反应，根据扩增条带的有无和大小来判断插入片段的有无、大小及方向（反应体系参照前面的实验）。PCR 反应体系鉴定见表 5-3。

表 5-3 PCR 反应体系鉴定

试剂	用量/μL
ddH_2O	37
10×buffer	5
10×dNTP	5
Primer P1	1
Primer P2	1
Taq 酶	1
总体积	50

（1）试分析转化子的电泳结果理论上会出现哪些情况。
（2）挑选菌落时，应该选什么样的菌落进行检测？

5.4 大肠杆菌中外源蛋白的诱导表达

5.4.1 实验目的

（1）了解原核表达载体所需要的调控元件，选择合适的质粒用于表达外源基因。
（2）学习外源基因表达的常用实验方法和基本操作。

5.4.2 实验原理

将外源基因插入合适载体后，导入大肠杆菌用于表达大量蛋白质的方法一般称为原核表达。由于外源基因的表达往往会影响宿主大肠杆菌的生长和繁殖，有些表达产物甚至对细菌有毒性作用，造成其死亡和裂解，影响表达水平，在大肠杆菌中表达重组蛋白的理想启动子不仅要能指导高效转录，保证目的蛋白的高产量，而且还应被紧密调控，以最大限度降低细菌的代谢负荷和外源蛋白的毒性作用。目前选用的启动子多为可控制表达，主要包括温度诱导和 IPTG 诱导表达，这些启动子在诱导前基础表达水平很低或没有，当大肠杆菌生长到一定时期进行诱导表达。

这种方法在蛋白纯化、定位及功能分析等方面都有应用。大肠杆菌用于表达重

组蛋白的特点为易于生长和控制，用于细菌培养的材料不及哺乳动物细胞系统的材料昂贵，有各种各样的大肠杆菌菌株及与之匹配的具各种特性的质粒可供选择。但是，在大肠杆菌中表达的蛋白由于缺少修饰和糖基化、磷酸化等翻译后加工，常形成包涵体而影响表达蛋白的生物学活性及构象。

5.4.3 实验用品

实验材料：转化后的阳性菌液（BL21）。

实验试剂和耗材：

（1）2×YT 液体培养基：胰蛋白胨 16 g、酵母提取物 10 g、NaCl 5 g、加水定容至 1 L，调 pH 值至 7.2。

（2）PBS 缓冲液：$Na_2HPO_4 \cdot 12\ H_2O$（10 mmol · L^{-1}）3.58 g、KH_2PO_4（1.8 mmol · L^{-1}）0.245 g、NaCl（140 mmol · L^{-1}）8.2 g、KCl（2.7 mmol · L^{-1}）0.2 g，加水定容至 1 L，调 pH 值至 7.3。

（3）超声波反应缓冲液（现配现用）：50 mmol · L^{-1} Tris · Ac pH=7.5、10 mmol · L^{-1} EDTA、5 mmol · L^{-1} DTT。

（4）裂解缓冲液：$NaH_2PO_4 \cdot 2\ H_2O$（100 mmol · L^{-1}）15.6 g、Tris · HCl（10 mmol · L^{-1}）1.2 g、尿素（8 mol · L^{-1}）480.5 g，加水定容至 1 L。

（5）5×SDS loading buffer：250 mmol · L^{-1} Tris · HCl pH=6.8、5% β-巯基乙醇、10% SDS、0.5% 溴酚蓝、50% 甘油、50 mg · mL^{-1} Amp 或 Kan。

实验仪器：恒温摇床、高速冷冻离心机、紫外分光光度计、电泳仪、电泳槽。

5.4.4 实验步骤

（1）分别挑取含有重组质粒和空载体的大肠杆菌 BL21 单菌落至 5 mL 新鲜的 LB 液体培养基（含 50 μg · mL^{-1} 对应的抗生素）中，37 ℃摇床，180 r · min^{-1} 培养过夜，即小摇菌液。

（2）将小摇菌液按照 1∶100 的比例转接到 20 mL 新鲜的 LB 液体培养基（含 50 μg · mL^{-1} 对应的抗生素）中，37 ℃摇床，180 r · min^{-1}培养。

（3）待菌液浓度达到 A_{600} 为 0.6～0.8 时（约 3 h），加入 IPTG 至终浓度为 1 mmol · L^{-1}，37 ℃摇床，180 r · min^{-1}培养 4～6 h（最适的诱导浓度、诱导温度，需要多次实验摸索再确定，不同的表达载体所需的 IPTG 浓度及温度是不同的）。

（4）取 100μL 菌液，12000 r · min^{-1}离心 2 min，弃上清，用 40 μL PBS 悬浮菌体，加入 10 μL 5×SDS loading buffer，95 ℃变性 5 min，记为样品 A（总蛋白）。

（5）将剩下的 20 mL 菌液离心弃上清，加入 2 mL PBS 悬浮菌液，其中 1 mL 菌液备用，另 1 mL 菌液转入 1.5 mL 离心管中，12000 r · min^{-1}离心 2 min，弃上清，加入 800 μL 超声波反应缓冲液，超声 1 s，间隔 2 s，反应 5 min，4 ℃ 12000 r · min^{-1}离心 2 min，取 500 μL 上清，在上清样品中取 40 μL 上清加入 10 μL 5×SDS loading buffer，95 ℃变性 5 min，记为样品 B（可溶性蛋白）。此步骤也可以用低温超高压破碎仪破碎菌体。方法为 500 mL 的离心瓶收菌，配平后使用落地式离心机，

4 ℃ 8000 r·min^{-1} 离心 20 min，倒掉上清后用 1×PBS 重悬菌体，配平后再次 4 ℃ 8000 r·min^{-1} 离心 10 min 收集菌体。用每种载体对应的 buffer 充分重悬菌体沉淀，用低温超高压破碎仪破菌两次，每次的压力值设置为 100 MPa。

(6) 沉淀用 PBS 洗 4～5 次，以除去沉淀中的可溶性蛋白，用 500 μL 裂解缓冲液悬浮沉淀，取 40 μL 沉淀，加入 10 μL 5×SDS loading buffer，95 ℃变性 5 min，记为样品 C（不可溶蛋白，即包涵体）。

(7) SDS-PAGE 电泳分析蛋白。

5.4.5 实验注意事项

(1) 菌液吸光度值要小于 1，否则细胞太浓太老，不易破碎，且质粒易丢失。

(2) 诱导时间最好做一个梯度，不同蛋白诱导时间需摸索。

(3) IPTG 浓度：一般在 1 mmol·L^{-1} 以内，可适当摸索。

思考题

(1) IPTG 的作用是什么？

(2) 超声破碎的时候应该注意些什么？

5.5 大肠杆菌中蛋白的纯化

5.5.1 实验目的

(1) 理解大肠杆菌中蛋白的纯化原理。

(2) 获得较纯的目的蛋白供蛋白结构与功能的研究。

5.5.2 实验原理

携带有外源基因并带有麦芽糖结合蛋白（maltose binding protein，MBP）标签的质粒在大肠杆菌 BL21 中，可以在 16 ℃，IPTG 诱导下，表达携带有外源蛋白与 MBP 蛋白融合的蛋白。大肠杆菌经过低温超高压破裂后，融合蛋白释放处理，加入树脂 MBP beads，含有 MBP 标签的融合蛋白 MBP 能够被 beads 吸附，因此可以使融合蛋白与其他蛋白成分分离。蛋白质的纯化程度可通过聚丙烯酰胺凝胶电泳进行分析。

5.5.3 实验用品

实验材料：转化后的阳性菌液（BL21）、蛋白含 MBP 标签。

实验试剂和耗材：MBP binding buffer、LB 液体培养基、IPTG、PMSF（蛋白酶抑制剂）、MBP beads 等。

实验仪器：恒温摇床、紫外分光光度计、高速冷冻离心机、超声破碎仪。

5.5.4 实验步骤

(1) 从转化好的平板上挑取单菌落到相应抗性的 LB 液体培养基中，37 ℃ 180 r·min^{-1} 小摇过夜，按 1∶100 稀释到相应抗性的 500 mL LB 液体培养基中，37 ℃ 220 r·min^{-1} 大摇 3 h 左右，根据经验判断 A_{600} 在 1.0 左右时加入 200 μL 的 1 mol·L^{-1} 的 IPTG，16 ℃ 160 r·min^{-1} 摇过夜。

(2) 500 mL 的离心瓶收菌，配平后离心机 4 ℃ 8000 r·min^{-1} 离心 20 min，倒掉上清后用 1×PBS 重悬菌体，配平后再次 4 ℃ 8000 r·min^{-1} 离心 10 min 收集菌体。若暂时不纯化蛋白可以保存于－80 ℃超低温冰箱中。

(3) 用 MBP binding buffer 充分重悬菌体沉淀，压力破碎仪破菌两次，每次的压力值设置为 100 MPa。

(4) 破菌后 4 ℃ 12000 r·min^{-1} 离心 20 min。离心的同时用 MBP binding buffer 洗 MBP beads 3 次，beads 用 400 μL。

(5) 离心的蛋白上清与 beads 在 4 ℃结合 3 h。

(6) 用 MBP binding buffer 洗 beads 8 次。最后一次洗完 beads 后用 300 μL 的 elution buffer 洗脱 1 h。4 ℃ 1000 r·min^{-1} 离心 2 min，用 50%甘油保存蛋白，甘油终浓度为 10%，分装后液氮速冻并保存于－80 ℃超低温冰箱中。

5.5.5 实验注意事项

(1) 选择表达载体时，要根据所表达蛋白的最终应用考虑。如为方便纯化，可选择融合表达；如为获得天然蛋白，可选择非融合表达。

(2) 如选择融合表达，在选择外源 DNA 同载体分子连接反应时，对转录和翻译过程中密码结构的阅读不能发生干扰。

总结实验中的注意事项。

第6章 酵母菌基因工程操作流程

酵母菌是一群以芽殖或裂殖方式进行无性繁殖的单细胞真核生物，培养酵母菌和培养大肠杆菌一样方便。酵母菌是最简单的真核模式生物，基因表达调控机理比较清楚，遗传操作简便，具有原核细菌无法比拟的真核蛋白翻译后加工系统，且大规模发酵历史悠久、技术成熟、工艺简单、成本低廉，能将外源基因表达产物分泌至培养基中，不含有特异性的病毒、不产内毒素，被认为是较为安全的基因工程受体系统。因此，酵母菌已成为最成熟的真核生物表达系统。本章通过介绍酵母表达载体的构建、酵母感受态的制备及转化、重组酵母菌蛋白表达、酵母单杂交实验和酵母双杂交实验，使学生掌握酵母基因工程的基本操作。

6.1 酵母表达载体的构建

6.1.1 实验目的

学习酵母表达载体构建的基本方法，了解真核表达系统和原核表达系统的区别。

6.1.2 实验原理

酵母质粒载体是基因表达载体的一种，既可以在大肠杆菌中，又可以在酵母系统中进行复制与扩增，所以也称穿梭载体。它分为整合载体和自我复制载体两类。整合载体是带有一个酵母 URA3 标志基因及大肠杆菌的复制和报告基因。由于质粒 DNA 与酵母基因组 DNA 之间发生了同源重组，在转化的细胞中可以检测到质粒的整合复制。整合载体中的 YIp（yeast integrating plasmid）转化效率低，而且不稳定。自我复制载体在酵母中可以自我复制，主要有 YRp（yeast replication plasmid）、YEp（yeast extrachromosomal plasmid）和 YCp（yeast centromere plasmid）。

6.1.3 实验用品

实验材料：pPICZαA 酵母表达载体、目的基因、中间表达载体 pMD18-T。

实验试剂和耗材：ddH_2O、1.5 mL 离心管、水漂板、移液器吸头、0.2 mL 离心管、T_4 DNA 连接酶及其缓冲液、dNTP（2 mmol • L^{-1}）、*Taq* DNA 聚合酶及其缓冲液、胶回收试剂盒。

实验仪器：高速冷冻离心机、恒温水浴锅、连接仪。

6.1.4 实验步骤

（1）设计目的基因引物，利用 PCR 反应扩增目的基因（方法见第 2 章）。

（2）取 5 μL PCR 反应产物，用 1%琼脂糖凝胶电泳检测，其余产物纯化备用。

（3）PCR 产物进行加 A 反应，反应体系如表 6-1 所示。反应条件为 70 ℃，30 min。

表 6-1　PCR 产物加 A 反应

试剂	用量/μL
PCR 产物	7
10×连接酶 buffer	1
dNTP（2 mmol·L^{-1}）	1
Taq DNA 聚合酶	1
总体积	10

（4）T 载体连接体系如表 6-2 所示。反应条件为 16 ℃，1 h。

表 6-2　T 载体连接体系

试剂	用量/μL
加 A 的 PCR 产物	4
10×buffer	1
T_4 DNA 连接酶	0.5
pMD18-T	1
ddH_2O	3.5
总体积	10

（5）中间载体转化大肠杆菌、筛选阳性克隆（见第 5 章）。

（6）提取中间载体，用双酶（如 *Xba*Ⅰ与 *Xho*Ⅰ）消化 T-A 阳性克隆与 pPICZαA，并进行纯化。

（7）将纯化的酶切的产物与酶切后的 pPICZαA 载体进行连接，反应体系如表 6-3 所示。反应条件为 16 ℃，连接过夜。

表 6-3　连接体系

试剂	用量/μL
回收 DNA 片段	4
酶切后回收的载体	1
T_4 DNA 连接酶	0.5
连接酶缓冲液	1
ddH_2O	3.5
总体积	10

（1）常见酵母表达载体有哪些？酵母表达载体构建时需要注意哪些细节？

（2）引物设计时需要注意哪些原则？

6.2 酵母感受态的制备及转化

6.2.1 实验目的

（1）学习酵母感受态的制备方法。

（2）学习酵母转化的基本操作和实验方法。

6.2.2 实验原理

$CaCl_2$ 法是最常用的化学感受态细胞制作方法，将生长的酵母菌置于氯化钙溶液中，细胞会吸水膨胀，同时钙离子会使细胞膜磷脂双分子层形成液晶结构，促使细胞外膜与内膜间隙中的部分解离开来。同时，诱导细胞膜通透性发生变化，极易与外源 DNA 相黏附并在细胞表面形成抗脱氧核糖核酸酶的羟基—磷酸钙复合物。质粒 DNA 黏附在细胞表面后，经 42℃短时间热冲击处理，在冷热变化刺激下液晶态的细胞膜表面会产生裂隙，使外源 DNA 进入。

6.2.3 实验用品

实验材料：毕赤酵母、重组载体。

实验试剂和耗材：

（1）YPDA：胰蛋白胨（与 LB 培养基中的不同）2 g、酵母提取物 1 g、麦芽糖 2 g、硫酸腺嘌呤 8 mg、Agar 1.8 g。

（2）10×TE（100 mL）：Tris 1.21 g、EDTANa · $2H_2O$ 0.37 g、dd H_2O 80 mL，HCl 调 pH 值至 7.5，定容至 100 mL。

（3）10×LiAc（100 mL）：LiAc · $2H_2O$ 10.2 g、ddH_2O 80 mL，HCl 调 pH 值至 7.5，定容至 100 mL。

（4）1.1×TE/LiAc：10×LiAc 1.1 mL、10×TE 1.1 mL、ddH_2O 7.8 mL。

（5）变性的鲱鱼精 DNA：100 ℃热板变性 10 min，冰上冰冻 10 min，如此反复一次，冰上备用。

（6）50% PEG（100 mL）：PEG 3350 50 g，dd H_2O 定容至 100 mL。

（7）1×PEG/LiAc：10×LiAc 1 mL、10×TE 1 mL、50% PEG 8 mL。

实验仪器：水浴锅、超净工作台、离心机。

6.2.4 实验步骤

1. 酵母感受态的制备

（1）在 YPDA 固体培养基上接种酵母 AH109 菌株，培养时间≤4 w，菌落直径为 2～3 mm，在 15 mL 离心管中加入 3 mL 新鲜的 YPDA 液体培养基，每个离心管中一个菌落，30 ℃ 250 r · min^{-1} 摇菌 8 h。

（2）吸取 10 μL 种子菌加入含有 50 mL YPDA 的 250 mL 三角瓶中，30 ℃

250 r·min^{-1} 摇菌 16～20 h。测 A_{600}＝0.15～0.3，将培养液移至 50 mL 离心管中，室温下 700 r·min^{-1} 离心 5 min。

（3）弃上清，用 100 mL YPDA 液体培养基重悬菌体，用 500 mL 三角瓶在 30 ℃ 250 r·min^{-1} 摇菌 3～5 h。

（4）测 A_{600}＝0.4～0.5，将菌液分装到两个 50 mL 离心管中，室温下 700 r·min^{-1} 离心 5 min。

（5）弃上清，每管中加入 30 mL 去离子超纯水，重悬菌体，700 r·min^{-1} 离心 5 min。

（6）弃上清，用 3 mL 1.1×TE/LiAc 悬浮菌体，吸出分装到两个 1.5 mL 离心管中，12000 r·min^{-1}离心 15～30 s。

（7）弃上清，每管中加入 600 μL 1.1×TE/LiAc 重悬菌体，备用。

注意：制备出的感受态必须马上使用。

2. 酵母热激转化

（1）在 1.5 mL 离心管中加入表 6-4 中的物质，轻轻混匀（可吸打）。

表 6-4　酵母热激转化体系

试剂	用量
质粒	＞200 ng
变性的鲱鱼精 DNA	3～5 μL
酵母感受态	100 μL
新配制的 PEG/ LiAc	600 μL

（2）30 ℃水浴锅中放置 30 min，每 10 min 混匀一次。

（3）加入 70 μL DMSO，缓慢混匀（一定要缓慢）。

（4）42 ℃热板热激 20 min，每 5 min 缓慢摇匀一次。

（5）12000 r·min^{-1}离心 15～30 s，弃上清。

（6）加入 150 μL YPD，30 ℃放置 30 min，或者放置于摇床上 30 ℃ 250 r·min^{-1} 离心 30 min。

（7）12000 r·min^{-1}离心 15～30 s，弃上清。

（8）用 600 μL 0.9%（m/V）NaCl 悬浮菌体。

（9）吸取 5 μL 点在相应的缺陷平板上，每个组合按照 10 倍或 5 倍梯度稀释 2～4 个点。

（10）30 ℃培养 2～3 d，观察菌落生长情况。

6.2.5　实验注意事项

（1）所有用到物品均用双蒸水洗涤、配制，并灭菌烘干，在使用之前－20℃预冷。

（2）摇好的菌液放在冰上预冷时需不时摇动菌液。

（3）收集菌体之后的所有操作均在冰上进行。

（4）弃去上清时，应缓慢操作，注意不要将菌体倒出。

思考题

（1）酵母感受态的制备及转化与大肠杆菌有什么区别？

（2）比较 $CaCl_2$ 法和电转法酵母感受态的制备与转化过程。

6.3 重组酵母菌蛋白表达

6.3.1 实验目的

（1）了解蛋白真核和原核表达系统的差别。

（2）学习使用酵母系统表达蛋白的基本实验操作步骤和方法。

6.3.2 实验原理

酵母除了具有细胞生长快、易于培养、遗传操作简单等原核生物的特点外，还具有比较完备的基因表达调控机制和对表达蛋白质进行正确加工、修饰和空间折叠等功能。酵母表达系统被成功地用于生产和分泌人类、动物、植物或病毒来源的异源蛋白质，还用于医学和药学相关的蛋白质结构和功能研究以及药物的筛选。

6.3.3 实验用品

实验材料：pPICZαA 酵母表达载体、酵母表达菌株。

实验试剂和耗材：BMGY 培养基、BMMT、纱布、棉布、甲醇。

实验仪器：恒温培养箱、PCR 仪、电泳仪、离心机、超净工作台。

6.3.4 实验步骤

（1）挑选转化成功的酵母单菌落，置于装有 25 mL MGY、BMC 或 BMGY 培养基的 250 mL 摇瓶中，于 30 ℃条件下 250～300 $r \cdot min^{-1}$培养至 A_{600} 为 2～6（16～18 h）。

（2）4000 $r \cdot min^{-1}$ 离心 5 min，收集菌体，用原培养体积 1/5 到 1/10 的 BMMT 10～20 mL 重悬菌体。

（3）将菌液置于 100 mL 摇瓶中，用双层纱布或粗棉布封口，放置于 30 ℃ 250～300 $r \cdot min^{-1}$的摇床上继续生长。

（4）每 24 h 向培养基中添加无水甲醇至其终浓度为 0.5%～1.0%。

（5）按时间点分别取菌液样品，每次取样量为 1 mL，以 14000 $r \cdot min^{-1}$ 离心 2～3 min，分别收集上清液和菌体，分析目的蛋白质的表达量和菌液的最佳收获时间。取样时间点一般设置为 0 h、24 h、48 h、72 h、96 h 和 120 h。

（6）对于分泌表达的蛋白，分离样品的上清液进行分析。对于胞内表达的蛋白，分离样品的菌体沉淀进行分析，待检测样品用液氮或干冰速冻后，于－80 ℃保存备用。

（7）可以用 SDS-PAGE 、Western 印迹及活性实验检测和鉴定重组蛋白质的表达，具体实验方法参考相应实验章节。

常见的酵母宿主菌有哪些？表达蛋白分别有什么特点？

6.4　酵母单杂交实验

6.4.1　实验目的

学习验证核酸与细胞内蛋白质相互作用原理和实验操作方法。

6.4.2　实验原理

酵母单杂交（yeast one-hybrid）技术是体外分析 DNA 与细胞内蛋白质相互作用的一种方法，通过对酵母细胞内报告基因表达状况的分析，来鉴别 DNA 结合位点并发现潜在的结合蛋白基因，或对 DNA 结合位点进行分析。其基本原理为，许多真核生物的转录激活因子具有两个功能独立的结构域，即特异结合于顺式作用元件上的 DNA 结合结构域（BD）和发挥基因调控功能的 DNA 激活结构域（AD），这两个结构域单独作用均不能启动下游报告基因的表达。酵母单杂交通过构建可与 AD 结合的蛋白，然后与特异的 DNA 序列相结合，进而启动下游报告基因的表达。该技术自 20 世纪 90 年代问世以来，在动物和植物等各个领域都有广泛的应用。目前技术已被广泛应用于验证 DNA 与蛋白质的相互作用，寻找与目的 DNA 片段相互作用的蛋白质分子。

6.4.3　实验用品

实验材料：酿酒酵母 AH109 菌株（色氨酸和亮氨酸缺陷菌株）、目的基因。

实验试剂和耗材：LB 培养基、限制性内切酶、质粒小量抽提试剂盒、胶回收试剂盒、硝酸纤维素膜、X-gal 显色平板、SD 培养基。

实验仪器：恒温培养箱、PCR 仪、电泳仪、离心机、超净工作台。

6.4.4　实验步骤

1. 诱饵质粒的构建

（1）根据目标 DNA 的序列，设计 PCR 引物，进行连续延伸 PCR 合成多拷贝顺式元件，并使 PCR 产物两端含有适当的限制性内切酶的酶切位点。为减少合成过程中出现碱基突变，PCR 过程中使用的耐高温聚合酶应为高保真聚合酶。

（2）PCR 产物的回收、纯化（按试剂盒）。

（3）将 PCR 片段经限制性内切酶酶切后插入 pBluescript II SK 载体，转化大肠杆菌，挑取白色菌落，在含 50 $\mu g \cdot mL^{-1}$ 氨苄青霉素的 LB 培养基中 37 ℃培养过夜。

（4）裂解法小量抽质粒，取 3 μL DNA 用上述两种限制性内切酶消解，电泳分析是否有正确的插入片段。

（5）纯化质粒，测定插入 DNA 序列。

（6）将测序正确的插入片段酶切后回收，插入酵母单杂交体系的诱饵质粒 pLGΔ-265UP1，替换其中的顺式元件 CCAAT 盒。

构建好的诱饵质粒带有 LacZ 报告基因、尿嘧啶（URA）选择标记和复制序列，该质粒是大肠杆菌—酵母穿梭载体。细菌的报告基因由 CYC1 的基本启动子控制，而含顺式作用元件的 DNA 片段作为诱饵，位于 CYC1 基本启动子上游。

2. 质粒转化与表达

（1）将诱饵质粒 pLG-PRm 转化到酵母菌株 EGY48，转化子在尿嘧啶缺陷的 SD 培养基平皿上培养 3～5 d。

（2）制备含有诱饵质粒的酵母菌株感受态。

（3）将 50μg 含目的基因的 cDNA 库质粒 DNA 转化到感受态细胞中，在尿嘧啶和色氨酸缺陷的 SD 培养基平皿上培养 3 d。

3. 筛选与鉴定

（1）利用硝酸纤维素膜从平板上将所有的转化子影印到含有 X-gal 的平板上，30 ℃继续培养 12～24 h。

（2）从 X-gal 显色平板上挑取蓝色菌落，抽提菌落中的 DNA。

（3）用热激法将诱饵质粒的构建步骤（6）中的质粒 DNA 转化到大肠杆菌 MC8 菌株中。

（4）利用硝酸纤维素膜将转化细胞复印到不含色氨酸的 M9 培养基上继续培养，挑取生长良好的细菌进行培养，碱法小量抽提细菌中的质粒 DNA。

（5）将制备含有诱饵质粒的酵母菌株感受态获得的质粒 DNA 分别转化到含有诱饵质粒的酵母菌株感受态，在尿嘧啶和色氨酸缺陷的 SD 培养基平皿上培养 3 d。

（6）再影印到含有 X-gal 的平板上，30 ℃继续培养 12～24 h，鉴定并筛选能重复变蓝的酵母菌落。

（7）阳性 cDNA 克隆进行 PCR 鉴定和序列测定。

思考题

酵母单杂交技术有什么用途？

6.5 酵母双杂交实验

6.5.1 实验目的

（1）学习酵母双杂交的原理。

（2）筛选酵母双杂交 cDNA 文库，寻找与诱饵蛋白相互作用的蛋白质。

6.5.2 实验原理

转录因子通常含有两个独立的结构域——DNA 结合域（BD）和转录激活域（AD），只有当这两种结构域共同作用时才能使转录正常进行。利用此特性，可以分别使 BD 与 AD 同“诱饵”蛋白（X）和“猎物”蛋白（Y）形成融合蛋白（一般把用来进行筛选的目的蛋白称为“诱饵”蛋白，而筛到的阳性克隆称为“猎物”蛋白）。单独的 BD 与 AD 蛋白质游离于细胞中不同的位置而分开，不能激活报告基因的转录。如果两种蛋白 X 和 Y 可以发生相互作用，就能使 BD 与 AD 在空间上充分接近，从而激活报告基因的转录。酵母双杂交系统主要应用于快速验证已知蛋白之间的相互作用或寻找新的相互作用蛋白质。

6.5.3 实验用品

实验材料：酵母菌株 AH109。

实验试剂和耗材：

（1）10×TE buffer：0.1 mol・L^{-1} Tris-HCl（pH=7.5）、10 mmol・L^{-1} EDTA，高压或抽滤灭菌。

（2）10×LiAC（1 mol・L^{-1}）：称取 10.2 g LiAC 溶于 80 mL 蒸馏水中，用醋酸调 pH 值至 7.5，加水定容至 100 mL，高压或抽滤灭菌。

（3）50% PEG 4000：称取 50 g PEG 4000，加蒸馏水定容至 100 mL，高压灭菌保存。

（4）鲱鱼精 DNA（herring testes carrier DNA）：10 mg・mL^{-1} 溶于 ddH_2O 中，分装后于−20 ℃保存。

（5）0.2%Ade（腺嘌呤）：称取 0.2 g Ade 溶于 100 mL 蒸馏水中，高压或抽滤灭菌。

（6）40%葡萄糖：称取 40 g 葡萄糖，加蒸馏水定容至 100 mL，高压灭菌保存。

（7）YPDA 培养基：称取 20 g Tryptone、10 g Yeast extract 至 800 mL 蒸馏水中，加入 15 mL 0.2% Ade，调 pH 值至 6.5，加水定容至 950 mL。灭菌后再加入 50 mL 40%葡萄糖。固体培养基则加入 20 g・L^{-1} 琼脂粉。

（8）SD/-Trp-Leu（二缺）：称取 0.64 g DO/-Trp-Leu、6.7 g YNB（酵母氮源）至 900 mL 蒸馏水中，NaOH 调 pH 值至 5.8，加水定容至 950 mL。灭菌后加入 50 mL 40%葡萄糖。固体培养基则加入 20 g・L^{-1} 琼脂粉。

（9）SD/-Trp-Leu-Ade-His（四缺）：称取 0.60 g DO/-Trp-Leu-Ade-His、6.7 g

YNB至900 mL蒸馏水中，NaOH调pH值至5.8，加水定容至950 mL。灭菌后加入50 mL 40% 葡萄糖。固体培养基则加入20 g·L^{-1}琼脂粉。

实验仪器：超净工作台、水浴锅、离心机、制冰机、相机。

6.5.4 实验步骤

(1) 挑取活化好的酵母菌株AH109单克隆，接种于5 mL YPDA液体培养基中。

(2) 30 ℃ 250 r·min^{-1}，培养16～18 h。

(3) 按每个反应10 mL的菌量计算所需的培养基体积。将过夜培养物转接入适量的YPDA液体培养基，30 ℃ 250 r·min^{-1}，培养至A_{600}为0.4～0.6。在30 ℃时，酵母约为2.5 h繁殖一代，可据此计算接入的菌量。

(4) 开始收集菌体时，准备变性鲱鱼精DNA。沸水浴中煮10 min，随后立即插冰上备用。

(5) 将培养好的细胞转入50 mL离心管中。室温下4000 r·min^{-1}离心5 min，收集细胞。

(6) 弃上清，1/2体积无菌水重悬菌体。

(7) 室温下4000 r·min^{-1}离心5 min，收集细胞。弃上清，用1/5体积1×TE/LiAC重悬菌体。

(8) 室温下4000 r·min^{-1}离心5 min。

(9) 30 ℃ 200 r·min^{-1}，培养30 min（可缩短或取消）。

(10) 准备转化的质粒：将1 μg质粒DNA（共转化时，两种质粒各为1 μg）及2 μL 10 mg·mL^{-1}的变性鲱鱼精DNA加入2 mL离心管中，充分混匀，总体积不应超过10 μL。

(11) 加入100 μL酵母感受态细胞并轻轻混匀，30 ℃ 200 r·min^{-1}，培养30 min（可缩短或取消）。

(12) 加入600 μL PEG/LiAC溶液（40% PEG、1×LiAC、1×TE）。轻轻吹打混匀。30 ℃ 200 r·min^{-1}，培养30～90 min。

(13) 加入70 μL DMSO，轻轻颠倒混匀。

(14) 42 ℃水浴中热激10 min，冰上放置2 min。

(15) 室温下4000 r·min^{-1}离心2 min。弃上清，加100 μL无菌水重悬细胞。

(16) 将细胞悬液各取一半涂于SD/-Trp-Leu和SD/-Trp-Leu-Ade-His平板上。

(17) 28 ℃培养1w后观察并拍照。

思考题

(1) 影响酵母双杂交结果的因素有哪些？

(2) 酵母双杂交实验中可能遇到哪些假阳性问题？

第 7 章　植物基因工程操作流程

植物基因工程指利用 DNA 重组技术对植物（农作物）进行性状改良，进而获得新的品种、品系或株系的过程。植物基因工程作为基因工程研究的重要体系，在改良作物品质、提高作物产量、培育抗逆植株等方面发挥了重要作用。截至 2020 年，全球范围内共有 44 项关于转基因作物的批准，涉及 12 个国家、33 个品种，转基因作物的种植面积从 1996 年的 170 万公顷增长到 2019 年的 1.904 亿公顷，1996—2018 年转基因技术累计提高全球农作物生产力达 8.22 亿吨，节省了 2.31 亿公顷的土地。本章重点介绍了植物表达载体的构建、基因敲除载体的构建、植物原生质体的制备及瞬时转化、农杆菌感受态制备及遗传转化和转基因植物的鉴定等内容，为植物功能基因研究和对作物进行遗传改良提供重要基础。

7.1　植物表达载体的构建

7.1.1　实验目的

（1）了解植物表达载体的组成元件。
（2）学习常见植物表达载体的构建方法。

7.1.2　实验原理

将含有 Ti 质粒的根瘤土壤农杆菌与植物细胞接触后，Ti 质粒的 T-DNA 进入植物细胞并整合到植物细胞的基因组 DNA 上。利用 T-DNA 转移的特性，改造了 Ti 质粒成为双元载体系统的植物表达载体。pCAMBIA1306 质粒是一个常用的植物双元表达载体，包含上游 35S 强启动子和潮霉素基因等，使用时将植物结构基因的 cDNA 序列正向插入多克隆位点并置于 35S 强启动子序列后，即构建成植物基因的超表达载体，经过农杆菌转化植物后获得过量表达植株，用于分析基因表达改变对植物的影响。

7.1.3　实验用品

实验材料：pCAMBIA1306 载体、目的基因 cDNA 序列。

实验试剂和耗材：限制性核酸内切酶 *Kpn* Ⅰ 和 *Xba* Ⅰ、T4 连接酶及其相关 buffer。

实验仪器：连接仪、恒温水浴锅、PCR 仪、离心机。

7.1.4　实验步骤

（1）根据目的基因序列，使用 Primer 5.0 设计目的基因上下游引物。上下游引

物要加上酶切位点和保护碱基，以 *Kpn* Ⅰ 和 *Xba* Ⅰ 为酶切位点进行酶切为例。

（2）利用 PCR 反应扩增目的基因，取 5μL PCR 反应产物，用 1%琼脂糖凝胶电泳检测，其余产物纯化备用。超表达载体 PCR 反应体系如表 7-1 所示。

表 7-1　超表达载体 PCR 反应体系

试剂	用量/μL
DNA 聚合酶	0.5
dNTP	1
5×buffer	4
上下游引物	1
cDNA	1
ddH_2O	12.5
总体积	20

（3）准备两个无菌的 1.5 mL 微量离心管，加入表 7-2 中的溶液混合，分别对质粒和目的基因进行双酶切。

表 7-2　酶切 pCAMBIA1306 载体或目的基因体系

试剂	用量/μL
Kpn Ⅰ	1
Xba Ⅰ	1
10×buffer	5
pCAMBIA1306 质粒或目的基因	25
ddH_2O	18
总体积	50

（4）酶切后的产物切胶回收纯化，去除其他杂质。

（5）取一个灭菌的 0.2 mL 微量离心管，按表 7-3 体系加入相关试剂，将目的基因和质粒进行重组连接。

表 7-3　超表达载体连接体系

试剂	用量/μL
T4 连接酶	1
10×T4 连接酶 buffer	1
pCAMBIA1306 酶切回收质粒	3
目的基因片段纯化产物	5
总体积	10

（6）上述混合液轻轻震荡后再短暂离心，然后置于 16 ℃连接仪（或 16 ℃水）中保温过夜。

（7）连接后的产物可以立即用来转化感受态细胞或放置在 4 ℃冰箱中备用。

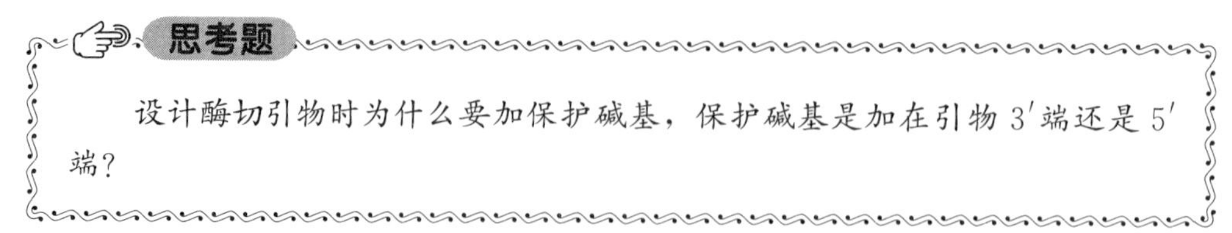

思考题

设计酶切引物时为什么要加保护碱基，保护碱基是加在引物 3′端还是 5′端？

7.2 基因敲除载体的构建

7.2.1 实验目的

学习基因敲除载体构建的基本原理和实验操作步骤。

7.2.2 实验原理

基因敲除载体是指利用核酸内切酶实现目的基因的基因组序列敲除的一类载体。成簇规律间隔短回文重复序列-Cas 核酸内切酶（clustered regulatory interspaced short palindromic repeat CRISP-associated protein systems，CRISPR-Cas）技术具有操作简单、效率高以及作用靶点多等优势，逐渐成为基因敲除的标准操作工具。目前研究最多、应用最广泛的系统为 CRISPR-Cas9 系统，其工作的原理是目的基因的靶标序列以及识别与切割目的基因的载体上的其他相关序列先通过转基因整合到植物基因组上，载体上表达出的向导 RNA 的前体 pre-crRNA 借助于特异性核酸内切酶切割成小的 CRISPR RNA（crRNA）。crRNA 以及靶标序列对应的 RNA 序列和 Cas9 蛋白构成 DNA 序列识别和切割复合体。在 crRNA 的引导下，切割复合体对目的基因在基因组上的序列进行特异性识别和切割，从而导致目的基因的基因组序列发生变化，基因功能丧失。

7.2.3 实验用品

实验材料：Cas9 敲除载体质粒、U3 质粒。

实验试剂和耗材：DNA 聚合酶，dNTP，5×PCR buffer，引物，内切酶 *Sac* Ⅰ、*Kpn* Ⅰ，T4 连接酶及相关 buffer，切胶回收试剂盒。

实验仪器：连接仪、恒温水浴锅、PCR 仪。

7.2.4 实验步骤

（1）在目的基因序列第一或者第二个外显子上找寻合适的靶标序列，靶标序列以 NGG 结尾的 19～21 bp 的序列。设计好引物并在靶标上游加接头，与固定引物一起进行合成。

（2）以 U3 质粒（包含 U3 启动子）为模板进行扩增，得到 U3 上和 U3 下两个

PCR 片段，再以 U3 上和 U3 下为模板进行融合 PCR，得到完整的包含靶标位点的 U3 片段。敲除载体 PCR 体系如表 7-4 所示。

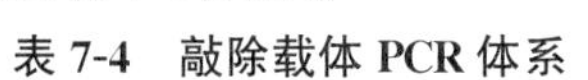

表 7-4　敲除载体 PCR 体系

试剂	用量/μL
DNA 聚合酶	0.3
dNTP	0.6
5×buffer	4
上下游引物	0.6
模板	0.8
ddH_2O	13.7
总体积	20

（3）将 U3 片段连入 T 载体进行测序，无误后用 *Kpn*Ⅰ和 *Sac*Ⅰ内切酶进行酶切，酶切温度为 37 ℃，时间为 3 h，之后切胶回收。U3 片段酶切体系如表 7-5 所示。

表 7-5　U3 片段酶切体系

试剂	用量/μL
*Sac*Ⅰ	0.3
*Kpn*Ⅰ	0.3
10×buffer	2
胶回收产物	10
ddH_2O	7.4
总体积	20

（4）将 Cas9 载体用 *Kpn*Ⅰ和 *Sac*Ⅰ内切酶进行酶切，酶切温度为 37℃，时间为 3 h，之后切胶回收。Cas9 载体酶切质粒体系如表 7-6 所示。

表 7-6　Cas9 载体酶切质粒体系

试剂	用量/μL
*Sac*Ⅰ	0.3
*Kpn*Ⅰ	0.3
10×buffer	2
Cas9 质粒	10
ddH_2O	7.4
总体积	20

（5）将胶回收的产物连入用 *Kpn*Ⅰ和 *Sac*Ⅰ内切酶酶切后的 Cas9 载体中，连接温度为 16 ℃，时间为过夜（10 h）。连接后即可获得可发挥定点敲除功能的 CRISPR 载体。敲除载体连接体系如表 7-7 所示。

表 7-7　敲除载体连接体系

试剂	用量/μL
T4 连接酶	1
10×T4 连接酶 buffer	1
Cas9 质粒	4
U6U3 酶切产物	4
总体积	10

思考题

(1) 除了 CRISPR-Cas9，还有哪些基因敲除技术？
(2) CRISPR-Cas9 技术存在哪些潜在风险？脱靶效应如何验证？

7.3　植物原生质体的制备及瞬时转化

7.3.1　实验目的

(1) 学习植物原生质体的制备方法。
(2) 了解植物瞬时转化的原理和实验操作步骤。

7.3.2　实验原理

原生质体是细胞壁以内各种结构的总称，原生质体的制备主要是在高渗压溶液中加入纤维素酶、果胶酶和木聚糖酶等细胞壁分解酶，将细胞壁剥离，结果剩下由原生质膜包住的类似球状的原生质体。原生质球对机械压力和渗透压非常敏感，为了防止它们破裂，需要维持等渗条件，不平等的压力会导致细胞破裂或内爆。制备成功的原生质体能够广泛用于 DNA 转化、植株再生、原生质体融合制备杂交体、膜片钳实验和荧光活化细胞分选等，还可用于质膜蛋白的研究，观察质膜蛋白对外界氨基酸、病毒的摄取等。

原生质体瞬时转化的原理是 PEG 能使细胞膜之间或 DNA 与膜之间形成分子桥，促使细胞接触和粘连，或是通过引起表面电荷紊乱，干扰细胞间的识别，而有利于细胞间的融合或外源 DNA 的进入。一般认为，PEG 与细胞膜内的水、蛋白质和糖类分子形成氢键，使得原生质体连在一起而发生凝聚，并由于钙离子的存在而加强，这种细胞间的凝聚能够促进 DNA 的吸收。

7.3.3　实验用品

实验材料：新鲜拟南芥叶片。

实验试剂和耗材：

(1) 酶解液的配制（20 mL），见表 7-8。酶解液配制好后 55℃水浴 10 min，待冷却后再加 10 mmol・L^{-1} 0.029402g $CaCl_2 \cdot 2H_2O$、10% 0.02g BSA，加 KOH 调 pH 值至 5.7。

表 7-8 酶解液的配制

试剂	终浓度	质量/g
MES	20 mmol・L^{-1}	0.08528
D-Mannitol	0.4 mol・L^{-1}	1.45736
KCl	20 mmol・L^{-1}	0.02982
macerozyme R-10	0.40%	0.08
Cellulase R-10	1.50%	0.3

（2）W5 溶液配制（500 mL），见表 7-9。

表 7-9 W5 溶液配制

试剂	终浓度	质量/g
MES	2 mmol・L^{-1}	0.19524
NaCl	154 mmol・L^{-1}	4.49988
$CaCl_2 \cdot 2H_2O$	125 mmol・L^{-1}	9.18825
KCl	5 mmol・L^{-1}	0.186375

调 pH 值至 5.7。

（3）MMG 配制（100 mL），见表 7-10。

表 7-10 MMG 配制

试剂	终浓度	质量/g
MES	4 mmol・L^{-1}	0.078096
D-Mannitol	0.4 mol・L^{-1}	7.2868
$MgCl_2 \cdot 6H_2O$	15 mmol・L^{-1}	0.30495

调 pH 值至 5.7。

（4）PEG 配制（10 mL），见表 7-11。

表 7-11 PEG 配制

试剂	终浓度	质量/g
PEG 4000	40%	4
D-Mannitol	0.2 mol・L^{-1}	0.36434
$CaCl_2 \cdot 2H_2O$	100 mmol・L^{-1}	0.14701

（5）解剖刀、镊子、200 目滤网、离心管、载玻片、盖玻片、6 孔培养板。

实验仪器：循环水浴真空泵、光学显微镜、恒温摇床、恒温水浴锅。

7.3.4 实验步骤

（1）取拟南芥开花前的叶片（30 片叶子左右即可），一般为生长 20 d 左右，叶

片越肥厚越好。

（2）用解剖刀将叶片切取为 0.5～1 mm 的细条（10～20 片叶子需要 5～10 mL 酶解液）。

（3）迅速将切下的样品转到酶解液中，要求完全浸没。

（4）黑暗条件下抽真空 30 min。

（5）连续酶解，室温下 23 ℃黑暗中静止酶解 3 h。

（6）利用光学显微镜检查原生质体（30～50 μm 大小）。

（7）在过滤前加入等量的 W5 溶液。

（8）洗干净 200 目滤网，并用 W5 溶液润湿，之后过滤。

（9）100 r·min^{-1} 离心 1～2 min 沉淀原生质体，尽可能吸走上清，重复洗 2 次。

（10）重悬原生质体于 W5 溶液中，保持在 2×10^5 个/mL，冰浴 30 min。

（11）100 r·min^{-1} 离心 2 min，尽可能吸走上清，利用 MMG 溶液重悬，浓度约 2×10^5 个/mL。

（12）加入 10 μL 质粒（1000～2000 ng）于 2 mL 离心管中。

（13）加入 100 μL 原生质体，轻轻混匀。

（14）加入 110 μL PEG 溶液，轻弹使其充分混匀。

（15）23 ℃室温孵育 30 min。

（16）加入 400～440 μL W5 溶液混匀，终止反应。

（17）23 ℃100 r·min^{-1} 离心 2 min，去上清，重复洗一次。

（18）用 1 mL W5 溶液重悬原生质体并放入 6 孔板中培养。

（19）20 ℃～25 ℃孵育 16 h 以上。

（20）取样、制片观察。

思考题

植物原生质体有什么用途？

7.4 农杆菌感受态制备及遗传转化

7.4.1 实验目的

（1）学习农杆菌感受态的制备方法。

（2）学习农杆菌介导的植物转化的基本操作和实验方法。

7.4.2 实验原理

根瘤农杆菌可以引发植物产生冠瘿瘤，干扰被侵染植物的正常生长。它可以使上百种不同科的双子叶植物形成冠瘿瘤，但很少感染单子叶植物。农杆菌感受态的制备方法和大肠杆菌类似，主要原理也是通过电击法或 $CaCl_2$ 等化学试剂处理，使农杆菌细胞膜的通透性发生暂时性的改变，成为能允许外源 DNA 分子进入的感受态细胞。

7.4.3 实验用品

实验材料：农杆菌菌株（GV3101）、pCAMBIA1306 重组质粒、拟南芥开花植株。

实验试剂和耗材：

（1）10%甘油、20 mmol·L^{-1} $CaCl_2$、Silwet L-77（有机硅表面活性剂）。

（2）YEB 培养基（1 L）：胰蛋白胨 5 g、酵母提取物 1 g、牛肉膏 5 g、七水硫酸镁 0.5 g，加 15 g 琼脂，ddH_2O 补足至 1 L。

（3）YEP 培养基（1 L）：牛肉浸膏 10 g、酵母提取液 10 g、NaCl 5 g，调 pH 值至 7.0，ddH_2O 补足至 1 L。

（4）利福平（rifampicin）：溶于甲醇或二甲亚砜（DMSO），配制 25 mg·mL^{-1} 母液，不用过滤除菌。

（5）卡那霉素（kanamycin）：溶于水，配制 50 mg·mL^{-1} 母液，过滤除菌。

（6）500 mL 的三角瓶、1000 mL 的烧杯（用作废液缸）、100 mL 的三角瓶、250 mL 的三角瓶、移液器吸头、50 mL 离心管、1.5 mL 离心管、小培养皿、接种环、吸水纸（叠成小块在培养皿中灭菌）。

实验仪器：恒温摇床、恒温水浴锅、紫外可见分光光度计、超净工作台、高压灭菌锅、冰箱、−70℃超低温冰箱。

7.4.4 实验步骤

1. 农杆菌感受态的制备

（1）挑取农杆菌菌落接种于 5 mL 添加有 50 mg·L^{-1} 利福平的 YEP 液体培养基（用 LB 培养基也可以）中，28 ℃摇床（转速>200 r·min^{-1}）培养，一般需要培养 2 d 左右。

（2）加 1 mL 培养物至 100 mL（两个 50 mL 瓶）液体 YEP 中，在 28 ℃摇床上继续培养至 A_{600} 为 0.8～1。

（3）培养物置冰上，摇动，使菌液迅速降温，在冰上至少冷却 15 min。

（4）将菌液分装于 50 mL 离心管中，4 ℃ 4000 r·min^{-1} 离心 5 min。

（5）弃去上清，加入冰冷的 20 mmol·L^{-1} $CaCl_2$ 悬浮菌体，4000 r·min^{-1} 离心 5 min，建议用 1 mL 枪轻轻抽打几次，下同。

（6）弃去上清，加入冰冷的 20 mmol·L^{-1} $CaCl_2$ 悬浮菌体，4000 r·min^{-1} 离心 5 min。

（7）弃去上清，用 10%的甘油重新悬浮细胞至最终体积为 2～3 mL，分装成 100 μL/管。液氮中冷冻后−70 ℃保存。

注意：划线的时候要少沾一点原菌株，不必等到菌株溶化就可轻轻沾一点，一定要少量，然后轻轻地划在板上。挑得太多不容易长出单菌落，如果太用力也容易刮破培养基。

扩摇的过程可能需要 3～4 h，要随时监控菌的浓度，可以平行地摇两瓶，其中

一瓶用来测浓度，避免污染。为了保证检测菌液与未检测菌液的一致性，平行的两瓶菌液最好来源于同一个 10 mL 或者 50 mL 管子。摇菌的过程中可以预先把 NaCl 置于冰上预冷。

2. 重组质粒转入农杆菌

（1）在 100 μL 感受态细胞中加入 2～6 μL 重组质粒（pCAMBIA1306）DNA，冰浴 5 min，液氮中速冻 5 min。

（2）迅速转入 37 ℃水浴中，热激 5 min。

（3）加入 1 mL YEB 液体培养基，28 ℃慢速振荡培养 4～6 h。

（4）3000 $r \cdot min^{-1}$ 离心 4 min，去一部分上清，留取 200 μL 菌液涂布于含有 50 $\mu g \cdot mL^{-1}$ Kan 和 50 $\mu g \cdot mL^{-1}$ Rif 的 YEB 平板上。

（5）放置约 0.5 h，待水分干后，28 ℃培养约 24 h 至长出菌落。

（6）挑选阳性克隆，鉴定后保存菌液。

3. 农杆菌侵染拟南芥

（1）转化后的阳性菌株 28 ℃直接摇大体系（50 mL）过夜，待菌液成橙黄色（似果汁，A_{600}）时，5000～6000 $r \cdot min^{-1}$ 离心，弃上清。

（2）配浸染液：0.5 g 蔗糖，加 10 mL ddH_2O，溶解后加上 3.5 μL Silwet L-77，摇匀。

（3）浸染前先用水浇一下材料，待苗子充分湿透后将苗子上的果荚全部剪去，然后进行浸染。

（4）每朵花浸染大约几秒钟即可。

（5）用箱子避光过夜。

（6）培养转化后的植株，结实的种子即为 T0 代转基因材料，收取、烘干后储存。

思考题

农杆菌的 T-DNA 是如何插入植物基因组中的？

7.5 转基因植物的鉴定

7.5.1 实验目的

（1）学习并掌握转基因阳性植株的筛选方法。

（2）了解阳性植株筛选的常用方法和基本原理。

7.5.2 实验原理

常见植物表达载体中一般为穿梭载体，在原核细胞中表达细菌抗生素抗性，而在真核生物中常表达潮霉素（hygromycin）抗性。潮霉素是一种氨基糖苷类抗生素，通过竞争叶绿体和线粒体中的核糖体与延长因子 EF-2 的结合位点，破坏各种细胞中核糖体的功能，从而抑制蛋白的合成，使敏感组织褐化死亡。因此，潮霉素通过干扰蛋白质合成抑制植物的生长，可以帮助筛选转化外源基因的细胞、组织和再生植株，是一种广泛用于植物基因工程的抗生素。拟南芥是典型的十字花科植物，也是基因工程实验中的模式植物，具有基因组简单、突变体众多、生长发育指标资料全面等特点。另外，拟南芥幼苗对潮霉素的敏感性高，适用于潮霉素抗性筛选。

7.5.3 实验用品

实验材料：转化后的拟南芥 T0 代种子。

实验试剂和耗材：

（1）5%次氯酸钠、70%乙醇、20 mmol · L^{-1} $CaCl_2$、Silwet L-77（有机硅表面活性剂）。

（2）MS 固体培养基（1 L）：4.74 g MS 粉末、30 g 蔗糖，调 pH 值至 5.8，加 8 g 琼脂，ddH_2O 补足至 1 L，121 ℃灭菌 20 min 待用。

（3）卡那霉素（kanamycin）：溶于水，配制 50 mg · mL^{-1} 母液，过滤除菌。

（4）500 mL 的三角瓶、1000 mL 的烧杯（用作废液缸）、100 mL 的三角瓶、250 mL 的三角瓶、培养皿、移液器吸头、2 mL 离心管、1.5 mL 离心管、酒精灯、接种环、吸水纸（叠成小块在培养皿中灭菌）、无菌水。

实验仪器：光照培养箱、超净工作台、高压灭菌锅、冰箱。

7.5.4 实验步骤

1. T0 代基因超表达的拟南芥种子大批量消毒

（1）取 T0 代的拟南芥种子倒入 2 mL 离心管中，加入 500 μL 无菌水，振荡数次，置于 4 ℃冰箱中放置 24 h，促进其统一萌发。

（2）低温处理后的种子 5000 r · min^{-1}离心 1 min，将上清液及漂浮的种子弃掉。

（3）于超净工作台上，向离心管中加入 40 mL 70%乙醇，振荡 10 s，然后用无菌水清洗 2 次。

（4）向离心管中加入 5%次氯酸钠溶液，振荡混匀 10 min，吸去上清液后用无菌水清洗 5 次。

（5）离心管中加入 1 mL 无菌的液体 MS（含 0.3%琼脂）培养基，振荡后，种子悬浮在液体培养基中。

2. 转基因拟南芥种子的第一次筛选

（1）吸取上述灭菌的拟南芥 T0 代种子悬浮溶液，加到含有 MS+Kan（50 mg · L^{-1}）固体培养基的培养皿上（直径 9 cm）。轻轻旋转平板使种子混匀，在无菌操作台里，开大风吹干平板上的液体。

（2）待液体完全吹干，将平板用封口膜封严，标记清楚后，将平板放置于培养

室中培养。

(3) 7 d左右，绝大多数的种子被Kan抗生素杀死，子叶变黄、发白，少数转基因的拟南芥种子的子叶保持绿色，继续生长。

(4) 10 d左右，拟南芥抗性种子长出两片真叶，将其移栽到土壤培养基质中，适当浇灌营养液，当角果变黄时，收获T1代种子。

3. 拟南芥转化阳性植株的纯合筛选

(1) 将T1代种子在含有50 $mg \cdot L^{-1}$ Kan的培养基上筛选，分离比为3∶1，即绿苗∶白化苗（死苗）=3∶1，得到T2代植株。

(2) 如果T2代拟南芥种子是纯合体，则在含有50 $mg \cdot L^{-1}$ Kan的培养基上筛选T2代种子，至有卡那霉素抗性的种子萌发的小苗均为绿苗，即获得转基因拟南芥植株。

思考题

(1) 为什么T0代的转基因材料不能用于实验验证?

(2) 根据性状分离定律，筛选多少代后的转基因拟南芥纯合率能达到99%以上?

第 8 章　动物基因工程操作流程

动物基因工程技术是 20 世纪 80 年代初发展起来的一项现代生物技术，是常规基因工程技术在研究层次上的拓展和延伸。动物基因工程就是利用基因工程人为地改造动物的遗传性状的技术体系，它的具体应用主要是生产转基因动物。最近的十几年里，转基因动物技术飞速发展，转基因兔、转基因猪、转基因牛、转基因鸡、转基因鱼等陆续育成。转基因动物技术已广泛应用于生物学、医学、药学、畜牧学等研究领域，并取得了许多有价值的研究成果。本章将介绍动物表达载体的构建、动物细胞的转染、转染细胞的稳定筛选、抗体的制备和 ELISA 实验，帮助学生快速掌握基本的动物基因工程的技术和原理。

8.1　动物表达载体的构建

8.1.1　实验目的

（1）了解动物表达载体与植物、细菌载体构建方法的异同。
（2）学习常见动物表达载体的构建方法。

8.1.2　实验原理

由于真核细胞和原核细胞的蛋白表达方式不同，利用原核宿主细胞合成的真核生物蛋白质因折叠方式不正确或折叠效率低下，会使蛋白质无活性或活性低。真核生物蛋白质的活性往往需要翻译后加工，如二硫键的精确形成、糖基化、磷酸化、寡聚体的形成或者由特异性蛋白酶进行裂解，而这些加工在原核细胞中则无法进行。若需要表达具有生物学功能的膜蛋白或分泌蛋白，如位于细胞膜表面的受体或细胞外的激素和酶，除酵母表达系统外，最好的方式就是使用哺乳动物细胞的表达系统。

哺乳动物细胞与细菌和植物细胞一样，转化过程中也需要适合的表达载体。哺乳动物细胞表达载体需包含一个高活性的启动子、转录终止序列和一个有效的 mRNA 翻译信号。启动子包含两个识别序列，即 mRNA 转录起始点和 TATA 盒。TATA 盒位于转录起始位点上游 25～30 bp 处，是引导 RNA 聚合酶结合所必需的序列。其他上游启动子元件常位于 TATA 盒上游 100～200 bp，可调节转录的起始频率和提高转录效率。目前常用的强启动子包括人巨细胞病毒早期启动子（CMV-IE）、人延伸因子 1-亚基启动子（PEF-1a）、鼠 3-磷酸甘油激酶 1（PGKI）基因启动子和 Rous 肉瘤长末端重复序列（LTR）等。

8.1.3　实验用品

实验材料：目的基因、动物表达载体（pEGFP-N_2 空载）、pET28（中间载体）。

实验试剂和耗材：酒精棉球、废液缸、试管架、记号笔、培养皿、离心管。

实验仪器：水浴锅、连接仪、电泳仪、凝胶成像系统。

8.1.4 实验步骤

(1) 设计目的基因引物，根据目的基因序列，使用 Primer 5.0 设计目的基因上下游引物。以 *Bam* HⅠ游和 *Hind* Ⅲ为酶切位点进行酶切为例。利用 PCR 反应扩增目的基因（方法见第 2 章）。

(2) 取 5 μL PCR 反应产物，用 1%琼脂糖凝胶电泳检测，其余产物纯化备用。

(3) PCR 产物和 pET28 质粒载体分别进行双酶切实验，反应体系如表 8-1 所示。反应条件为 37 ℃，2 h。

表 8-1 双酶切体系

试剂	用量/μL
PCR 产物/pET28 质粒载体	16
10×酶切 buffer	2
Bam HⅠ	1
Hind Ⅲ	1
总体积	20

(4) 酶切后的产物分别纯化，pET28 质粒载体需要切胶回收，PCR 产物可直接纯化。

(5) 目的基因与载体连接，反应体系如表 8-2 所示。反应条件为 16 ℃，连接过夜。

表 8-2 酶切连接反应体系

试剂	用量/μL
酶切后的 PCR 产物	4
10×buffer	1
T_4 DNA 连接酶	0.5
酶切的 pET28 质粒	1
ddH_2O	3.5
总体积	10

(6) 将纯化的酶切产物与酶切后的 pPICZαA 载体进行连接，反应条件为 16 ℃，连接过夜。

(7) 重组质粒可直接转化感受态细胞，或放－20 ℃暂存。

(8) 实验结束，整理实验台，所用的实验仪器、试剂还原。

思考题

(1) 根据实验和理论知识总结真核生物基因高表达载体须具有哪些调控元件。

(2) 思考、比较哺乳动物表达载体、植物表达载体和原核表达载体的构建过程有何区别。

8.2 动物细胞的转染

8.2.1 实验目的

(1) 学习动物细胞转染的实验方法。

(2) 学习人工脂质体转化的实验方法和操作步骤。

8.2.2 实验原理

外源基因转入动物细胞的方法很多，如显微注射法、电穿孔法、基因枪法等，本实验主要介绍人工脂质体法。人工脂质体法采用阳离子脂质体，具有较高的转染效率，不但可以转染其他化学方法不易转染的细胞系，而且还能转染从寡核苷酸到人工酵母染色体不同长度的DNA，以及RNA和蛋白质。此外，脂质体体外转染同时适用于瞬时表达和稳定表达，与以往不同的是脂质体还可以介导DNA和RNA转入动物和人的体内用于基因治疗。人工合成的阳离子脂质体和带负电荷的核酸结合后形成复合物，当复合物接近细胞膜时被内吞成为内体进入细胞质，随后DNA复合物被释放进入细胞核内。

8.2.3 实验用品

实验材料：动物细胞、动物表达载体。

实验试剂和耗材：

(1) 胰蛋白酶 Trypsin、动物细胞培养基、脂质体、转染试剂、FBS（胎牛血清）。

(2) 含血清培养基：10% FBS-DMEM 培养基。

(3) 洗涤缓冲液（0.15 mol·L^{-1} PBS，pH=7.4）：KH_2PO_4 0.2 g、$Na_2HPO_4 \cdot 12H_2O$ 2.9 g、NaCl 8.0 g、KCl 0.2 g、Tween-20 0.5 mL，加蒸馏水至1000 mL。

(4) 200 μL、1 mL 移液器吸头各一盒（以上物品均需高压灭菌），酒精棉球，废液缸，试管架，记号笔，培养皿，离心管。

实验仪器：微量移液器、荧光倒置显微镜、CO_2 培养箱、冰箱、超净工作台、PCR 仪、摇床。

8.2.4 实验步骤

1. 细胞培养

(1) 弃掉细胞培养皿中的培养基，用1 mL的PBS溶液洗涤细胞两次。

(2) 加入1 mL Trypsin 液，消化1 min（37 ℃，5% CO_2）。用手轻拍培养瓶

壁，直到细胞完全从壁上脱落下来为止。

（3）加入 1 mL 的含血清培养基终止反应。

（4）用移液器吸头多次吹吸，使细胞完全分散开。

（5）将培养液装入离心管中，1000 r・min^{-1} 离心 5 min。

（6）用培养液重悬细胞，细胞计数后选择约 0.8×10^6 个细胞加入一个 35 mm 的培养皿中。

（7）将合适体积的完全培养液加入离心管中，混匀细胞后轻轻加入培养皿中，使其均匀分布。

（8）将培养皿转入 CO_2 培养箱中培养，第二天转染。

2. 细胞转染

（1）转染试剂的准备：

① 将 400 μL 去核酸酶水加入管中，震荡 10 s，溶解脂状物。

② 震荡后将试剂放在－20℃保存，使用前还需震荡。

（2）选择合适的混合比例（1∶1 或 1∶2 的脂质体体积 μL∶DNA 质量 μg）来转染细胞。在一个转染管中加入合适体积的无血清培养基。加入合适质量的含 MyoD 或者 eGFP 的重组 DNA，震荡后再加入合适体积的转染试剂，再次震荡，制成混合物。

（3）将混合液在室温下放置 10～15 min。

（4）吸去培养板中的培养基，用 PBS 或者无血清培养基清洗 1 次。

（5）加入混合液，将细胞放回培养箱中培养 1h。

（6）根据细胞种类决定是否移除混合液，之后加入完全培养基继续培养 24～48 h。

3. 第二次细胞传代

（1）在转染后 24 h，观察实验结果并记录绿色荧光蛋白表达情况。

（2）再次进行细胞传代，按照免疫染色合适的密度 0.8×10^5 个细胞/35 mm 培养皿将细胞重新分装入培养皿中。

（3）在正常条件下培养或冻存细胞。

（4）实验结束，整理实验台，所用的实验仪器、试剂还原。

8.2.5 实验注意事项

（1）实验过程应严格进行无菌操作，防止细胞污染。

（2）受体细胞在转染时应保持较高细胞浓度，细胞培养液的浑浊度应达到 0.9 左右（A_{600} 为 0.9 左右）。

（3）为避免细胞死亡，在培养基中不要加抗生素。

(1) 转染过程中为什么要用无血清培养基来清洗细胞?

(2) 转染之前的细胞传代操作对细胞转染有什么作用?

8.3 转染细胞的稳定筛选

8.3.1 实验目的

学习动物细胞转染后筛选的基本方法。

8.3.2 实验原理

重组 DNA 转化受体细胞后，须使用各种筛选与鉴定手段区分转化子（接纳载体或重组分子的转化细胞）与非转化子（未接纳载体或重组分子的非转化细胞）。转化子又分含有重组 DNA 分子的转化子和仅含有空载载体分子（非重组子）的转化子。前者所含的重组 DNA 分子中有期望重组子（含有目的基因的重组子）与非期望重组子（不含目的基因的重组子）。常用筛选与鉴定方法有平板筛选法、电泳筛选法、PCR 检测法和 DNA 序列分析法。细胞抗性筛选是将转化扩增物稀释后，均匀涂布在用于筛选的固体培养基上，依据载体 DNA 分子上的筛选标记赋予受体细胞在平板上的表型，如抗药性的获得或失去，会引起菌落在平板上生长或不生长。

8.3.3 实验用品

实验材料：转染后的细胞。

实验试剂和耗材：

(1) 胰蛋白酶 Trypsin、FBS（胎牛血清）。

(2) 含血清培养基：10% FBS-DMEM 培养基。

(3) 洗涤缓冲液（0.15 $mol \cdot L^{-1}$ PBS，pH=7.4）：KH_2PO_4 0.2 g、$Na_2HPO_4 \cdot 12H_2O$ 2.9 g、NaCl 8.0 g、KCl 0.2 g、Tween-20 0.5 mL，加蒸馏水至 1000 mL。

(4) 200 μL、1 mL 移液器吸头各一盒（以上物品均需高压灭菌），酒精棉球，废液缸，滤纸片，记号笔，培养皿，离心管。

实验仪器：微量移液器、荧光倒置显微镜、CO_2 培养箱、冰箱、超净工作台、摇床。

8.3.4 实验步骤

(1) 因为不同的细胞株对各种抗生素的敏感性不同，因此在筛选前要做预实验，确定抗生素对所选择细胞的最低作用浓度。提前 24 h 在 96 孔板或 24 孔板中接种细胞 8 孔，接种量以第二天长成 25%单层为宜，置于 CO_2 培养箱中 37℃培养过夜。

(2) 将培养液换成含抗生素的培养基，抗生素浓度按梯度递增（0 $\mu g \cdot mL^{-1}$、50 $\mu g \cdot mL^{-1}$、100 $\mu g \cdot mL^{-1}$、200 $\mu g \cdot mL^{-1}$、400 $\mu g \cdot mL^{-1}$、600 $\mu g \cdot mL^{-1}$、

800 μg·mL^{-1} 和 1000 μg·mL^{-1})。培养 10～14 d 以绝大部分细胞死亡浓度为准，一般为 400～800 μg·mL^{-1}，筛选稳定表达克隆时可比该浓度适当提高一个级别，维持时使用筛选浓度的一半。

(3) 转染 72 h 后按 1∶10 的比例将转染细胞在 6 孔板中传代，换为含预实验中确定的抗生素浓度的选择培养基。在 6 孔板内可见单个细胞，继续培养见单个细胞分裂繁殖形成单个抗性集落，挑选单克隆。

(4) 用消毒的 5 mm×5 mm 滤纸片浸过胰酶，将滤纸片贴在单细胞集落上 10～15 s，取出黏附有细胞的滤纸片放于 24 孔板中继续加压培养。细胞在 24 孔板中长满后转入 25 cm^2 培养瓶中，长满后再转入 75 cm^2 培养瓶中培养。

(5) 使用 Western blot 检测单克隆细胞中外源蛋白的表达情况，由于不同克隆的表达水平存在差异，因此可同时挑选多个克隆，选择表达量最高的克隆传代并保种。

思考题

转染细胞的稳定筛选实验中需要注意什么实验细节？

8.4 抗体的制备

8.4.1 实验目的

(1) 学习动物免疫实验的相关操作。

(2) 学习兔源多克隆抗体的制备方法以及蛋白纯化相关实验的应用。

8.4.2 实验原理

抗体（antibody）是指机体由于抗原的刺激而产生的具有保护作用的蛋白质。抗原刺激机体，产生免疫学反应，由机体的浆细胞合成并分泌的与抗原有特异性结合能力的一组球蛋白，就是免疫球蛋白，这种与抗原有特异性结合能力的免疫球蛋白就是抗体。抗原通常是由多个抗原决定簇组成的，由一种抗原决定簇刺激机体，由一个 B 淋巴细胞接受该抗原刺激所产生的抗体称为单克隆抗体（monoclonal antibody)。由多种抗原决定簇刺激机体，相应地就产生各种各样的单克隆抗体，这些单克隆抗体混杂在一起就是多克隆抗体，机体内所产生的抗体就是多克隆抗体。

在动物抗体来源中，鼠源单克隆抗体技术与兔源多克隆抗体技术是目前免疫学科学研究与临床诊断运用最广泛、商品化市场最完善的两项技术。兔抗体系与鼠抗体系虽同属于啮类哺乳动物抗体系，但仍有各自的物种特征。兔抗体系可以识别更多的抗原种类，尤其是可以识别鼠源抗原，这是鼠源抗体不能做到的；其次，兔源抗体 IgG 重链可变区的氨基酸数目比鼠源抗体少，对应的抗原表位的空间区域更小，因此能够区分更多的抗原表位，产生更多种类的抗体，这使得兔源抗体具有更强的亲和力、更高的灵敏度和对不同抗原有更明显的区分度。

8.4.3 实验用品

实验材料：纯种雄兔，检疫合格，并且事先注射防病疫苗，重量在2～2.5 kg；携带有相应原核表达载体的大肠杆菌菌株（DE3.1）。

实验试剂和耗材：

（1）LB液体/固体培养基、载体对应的抗生素、40%甘油、完全佐剂、不完全佐剂、二甲苯（用于扩张血管）、戊巴比妥钠（用于麻醉兔子）、0.9%盐水。

（2）麻醉药的配制：配制0.9%的生理盐水，进行高温高压灭菌，将戊巴比妥钠溶解在生理盐水中，配成1%～3%生理盐水溶液，必要时可加温溶解，配好的药液在常温下放置1～2 m不会失效。

（3）无菌1.5 mL离心管、无菌100 mL/250 mL锥形三角瓶、研钵、1 mL注射器、50 mL离心管、兔饲料、兔笼、饮水器、食盘、超纯水。

实验仪器：电泳仪、高速冷冻离心机、烘箱。

8.4.4 实验步骤

1. 兔子饲养

购买的兔子应先喂养一段时间，使其状态稳定适应新环境后才准备实验。兔子早晚进行喂食、喂水，收集干净树枝或竹子充当磨牙棒，避免兔子牙齿过长。每两天对兔子粪便进行处理，做到兔笼干净、整洁和干燥。

2. 蛋白准备（以原核表达蛋白为例）

（1）在超净工作台中，用无菌牙签挑取已转入目的蛋白基因的单菌落，接种于5 mL含有相应抗生素的LB培养基中，37 ℃，200 $r \cdot min^{-1}$ 摇床中培养至 A_{600} 为0.4～0.6，将培养好的菌液1 mL用50 mL三角瓶一级活化至 A_{600} 为0.4～0.6。

（2）取一级活化后的菌液1 mL，用250 mL三角瓶进行扩大培养，之后破碎细胞进行蛋白纯化。

（3）用Bradford法对纯化后的蛋白质定量，确保目的蛋白纯化后的量达到2 $mg \cdot mL^{-1}$，将蛋白置于−20 ℃保存。

3. 初次免疫

（1）将纯化后的目的蛋白进行15% SDS-PAGE电泳，120 V，45 min。电泳结束后，对胶进行考马斯亮蓝-250染色，并进行脱色至条带清晰可见。对目的条带进行切割，切割下来的目的条带不含有空白胶。将切割下来的目的胶放在灭菌的培养皿中，加入适量的灭菌超纯水进行洗涤，每次漂洗1 h，重复5～6次，洗涤过程一直在摇床上进行。将漂洗干净的胶条再次放入盛有灭菌超纯水的培养皿中，浸泡24 h以上。

（2）研钵提前干热灭菌8 h以上，将目的胶条放入研钵中轻柔碾碎，加入500 μL的完全佐剂，继续研磨胶条，并用注射器反复抽打。根据胶条状态继续加入完全佐

剂，完全佐剂的终体积不能超过 1 mL。研磨的最终状态为胶条呈半固态形态，并且注射器能够顺利地抽推。将研磨完成的半固态混合物吸到 1 mL 注射器中，并静置 30 min，排出混合物中残留的气泡。

（3）注射蛋白之前对每只兔子进行抽血，抽血量为 1 mL，作为空白对照。将 1 mL 血液 37 ℃放置 1 h，然后 4 ℃过夜，之后将血液进行离心，12000 $r \cdot min^{-1}$ 离心 10 min。吸取上清液进行二次离心，离心条件同第一次。在上清液中加入等体积的灭菌的 40%甘油。−80 ℃冷冻保存。

（4）在每只兔子的耳郭处静脉注射 4 mL 2%戊巴比妥钠盐溶液，注射过程保证缓慢。待兔子昏迷之后进行蛋白的注射。

（5）在兔子后背选择 10 个注射点进行皮下注射，保证注射过程缓慢，避免注射器针头的脱离。

4. 强化免疫

重复初次免疫步骤一次，第（3）步可不用重复。

5. 抗体效价分析

（1）将兔子四肢固定，动作要缓慢，用 75%酒精对兔子耳朵进行消毒，用棉球蘸取异丙醇反复擦拭至血管充盈后，用注射用针头推进并开始采血，用 50 mL 离心管开始收集血液。

（2）将收集的血液放置于 37 ℃孵育 1 h，4 ℃过夜。过夜后的血清 12000 $r \cdot min^{-1}$ 离心 10 min，小心吸取上清液到新的离心管中，12000 $r \cdot min^{-1}$ 离心 10 min。吸取上清分装，−20 ℃保存，−80 ℃长期保存。

（3）将抗体用灭菌水分别稀释成 100 倍、1000 倍、10000 倍、100000 倍进行 Western blot 杂交，筛选出抗体最适使用浓度。

6. 大量获取抗体

（1）将兔子四肢固定，动作要缓慢，寻找兔子耳郭外缘静脉处小心注射 5 mL 麻药。

（2）待兔子完全麻醉后，将兔子仰卧固定，四肢平展并固定在固定板上。在兔子第三条肋间左缘寻找心脏跳动最强的位置，并用点滴针管迅速垂直刺入。由于兔子心脏结缔组织的原因，点滴针管可随着兔子心脏的收缩发生跳动，同时心脏血从点滴针管中涌出，此时用正常针管采血。注意动作应该迅速，并且应用正常针管施与外力，避免血液静止而发生凝结现象。抽取 70～80 mL 心脏血。

（3）对已经抽取心脏血的兔子，因采血量过多，可对兔子耳郭外缘静脉注射空气针使其死亡。

7. 血清分离

将盛有血液的 50 mL 离心管倾斜放置于 37 ℃烘箱 2 h，直至下层血液完全凝固，转移到 4 ℃沉淀过夜，第二天早上 12000 $r \cdot min^{-1}$ 离心 10 min。在血清中加入灭菌甘油至终浓度20%，分装后-80 ℃保存。

8.4.5 实验注意事项

（1）实验用兔子购置来源应正规，有检疫合格证，并且事先注射防病疫苗。

（2）购买的兔子应用专用饲料，严禁喂食其他食物。

（3）兔子饲喂和采血过程中，应穿戴防护用品，防止被其抓伤或咬伤。

抗体蛋白为什么要进行多次注射？

8.5 ELISA实验

8.5.1 实验目的

（1）了解抗原、抗体等常用检测方法。

（2）学习双抗体夹心酶联免疫吸附测定实验的基本原理和实验操作。

8.5.2 实验原理

酶联免疫吸附测定实验（enzyme-linked immunosorbent assay，ELISA），是以免疫学反应为基础，将抗原抗体的特异性反应与酶对底物的高效催化作用相结合的一种敏感性很高的实验技术。根据检测时标本以及检测目的等的不同，具体可以设计出不同类型的ELISA方法，如间接法、双抗夹心法、双位点一步法、竞争结合等。本实验介绍的双抗体夹心ELISA法，基本原理是人源单克隆抗体蛋白被固相化在酶标板上，所加入标本中的抗原被酶标板上的单克隆抗体所捕获，通过洗涤以去除多余的或结合不牢固的抗原；被捕获的抗原再与加入的生物素化的二抗结合，通过洗涤以去除多余的或结合不牢固的二抗；生物素再与加入的亲和素-HRP结合，通过洗涤以去除多余的或结合不牢固的亲和素-HRP，HRP与最后加入的底物反应，形成有色产物，产物的量与标本中受检物质的量直接相关，故可根据呈色的深浅进行定性或定量分析。

8.5.3 实验用品

实验材料：人源抗体蛋白、抗原、酶标记抗体。

实验试剂和耗材：

（1）正常人血清和阳性对照血清。

（2）包被缓冲液（0.05 mol·L^{-1} 碳酸盐缓冲液，pH=9.6）：Na_2CO_3 1.59 g、$NaHCO_3$ 2.93 g，加蒸馏水至1000 mL。

（3）洗涤缓冲液（0.15 mol·L^{-1}PBS，pH=7.4）：KH_2PO_4 0.2 g、Na_2HPO_4·$12H_2O$ 2.9 g、NaCl 8.0 g、KCl 0.2 g、Tween-20 0.5 mL，加蒸馏水至1000 mL。

（4）稀释液：牛血清白蛋白（BSA）0.1 g，加洗涤缓冲液至 100 mL 或以羊血清、兔血清等血清与洗涤液配成 5%～10%的稀释液使用。

（5）终止液（2 mol · L^{-1} H_2SO_4）：蒸馏水 178.3 mL，逐滴加入浓硫酸（98%）21.7 mL。

（6）底物缓冲液（pH=5.5 磷酸盐柠檬酸）：0.2 mol · L^{-1} Na_2HPO_4（28.4 g · L^{-1}）25.7 mL、0.1 mol · L^{-1} 柠檬酸（19.2 g · L^{-1}）24.3 mL，加蒸馏水至 50 mL。

（7）TMB（四甲基联苯胺）显色液：2 mg · mL^{-1} TMB 0.5 mL、底物缓冲液（pH=5.5）10 mL、0.75%H_2O_2 32 μL。

（8）ABTS 使用液：ABTS 0.5 mg、底物缓冲液（pH=5.5）1 mL、3%H_2O_2 2 μL。

（9）聚苯乙烯塑料板（酶标板）40 孔或 96 孔、微量移液器、塑料滴头、小毛巾、洗涤瓶、小烧杯、玻璃棒、试管、吸管和量筒。

实验仪器：ELISA 检测仪、4 ℃冰箱、37 ℃孵育箱。

8.5.4 实验步骤

1. 用于检测未知抗原的双抗体夹心法

（1）抗体包被：用 0.05 mol · L^{-1} pH 值为 9.6 的碳酸盐包被缓冲液将抗体稀释至蛋白质含量为 1～10 μg · mL^{-1}。在每个聚苯乙烯板的反应孔中加 0.1 mL，4 ℃过夜。次日，弃去孔内溶液，用洗涤缓冲液洗 3 次，每次 3 min（简称洗涤，下同）。

（2）加样：加一定稀释的待检样品 0.1 mL 于上述已包被之反应孔中，置于 37 ℃孵育箱 1h 然后洗涤（同时做空白孔、阴性对照孔及阳性对照孔）。

（3）加酶标抗体：于各反应孔中，加入新鲜稀释的酶标抗体 0.1 mL，37 ℃孵育 0.5～1 h，洗涤。

（4）加底物溶液显色：于各反应孔中加入临时配制的 TMB 底物溶液 0.1 mL，37 ℃放置 10～30 min。

（5）终止反应：于各反应孔中加入 2 mol · L^{-1} 硫酸 0.05 mL。

（6）结果判定：可于白色背景上，直接用肉眼观察结果。反应孔内颜色越深，阳性程度越强，阴性反应为无色或极浅，依据所呈颜色的深浅，以“+”“-”号表示。也可测吸光度值，在 ELISA 检测仪上，于 450 nm（若以 ABTS 显色，则为 410 nm）处，以空白对照孔调零后测各孔吸光度值，若大于规定的阴性对照吸光度值的 2.1 倍，即为阳性。

2. 用于检测未知抗体的间接法

用包被缓冲液将已知抗原稀释至 1～10 μg · mL^{-1}，每孔加 0.1 mL，4 ℃过夜。次日洗涤 3 次。加一定稀释的待检样品（未知抗体）0.1 mL 于上述已包被之反应孔中，37 ℃孵育 1 h，洗涤。于反应孔中加入新鲜稀释的酶标第二抗体 0.1 mL，37 ℃孵育 30～60 min，洗涤，最后一遍用 ddH_2O 洗涤。其余步骤同双抗体夹心法的第（4）（5）（6）步。

8.5.5 实验注意事项

（1）进行实验时，应分别以阳性对照与阴性对照控制实验条件，待检样品应一式两份，以保证实验结果的准确性。有时本底较高，说明有非特异性反应，可采用羊血清、兔血清或BSA等封闭。

（2）在ELISA中，进行各项实验条件的选择是很重要的，其中包括：

① 固相载体的选择：许多物质可作为固相载体，如聚氯乙烯、聚苯乙烯、聚丙酰胺和纤维素等。其形式可以是凹孔平板、试管、珠粒等。目前常用的是40孔聚苯乙烯凹孔板。不管何种载体，在使用前均可进行筛选：用等量抗原包被，在同一实验条件下进行反应，观察其显色反应是否均一，判明其吸附性能是否良好。

② 包被抗体（或抗原）的选择：将抗体（或抗原）吸附在固相载体表面时，要求纯度要好，吸附时一般要求pH值在9.0～9.6之间。吸附温度、时间及其蛋白量也有一定影响，一般采用4 ℃吸附18～24 h。蛋白质包被的最适浓度需进行滴定，即用不同的蛋白质浓度（0.1 $\mu g \cdot mL^{-1}$、1.0 $\mu g \cdot mL^{-1}$ 和10 $\mu g \cdot mL^{-1}$ 等）进行包被后，在其他实验条件相同时，观察阳性标本的吸光度值。选择吸光度值最大而蛋白量最少的浓度（对于多数蛋白质来说通常为1～10 $\mu g \cdot mL^{-1}$）。

③ 酶标记抗体工作浓度的选择：首先用直接ELISA法进行初步效价的滴定（见酶标记抗体部分）。然后再固定其他条件或采取方阵法（包被物、待检样品的参考品及酶标记抗体分别为不同的稀释度）在正式实验系统里准确地滴定其工作浓度。

④ 酶的底物及供氢体的选择：对供氢体的选择基本要求是价廉、安全、有明显的显色反应，而本身无色。有些供氢体（如OPD等）有潜在的致癌作用，应注意防护。有条件者应使用不致癌、灵敏度高的供氢体，如TMB和ABTS是目前较为满意的供氢体。底物作用一段时间后，应加入强酸或强碱以终止反应。通常底物作用时间以10～30 min为宜。底物使用液必须新鲜配制，尤其是H_2O_2应在临用前加入。

思考题

（1）根据实验操作，画出双抗体夹心法的实验原理图。

（2）查询相关资料，总结概括ELISA实验的应用有哪些。

第9章　基因工程常用溶液配制

9.1　试剂等级分类

试剂是进行科研实验的基础，而试剂有着严格的等级划分，不同等级的试剂价格差异较大，对实验结果影响也不同。试剂的品级与规格应根据实验的具体要求和使用情况加以选择，了解试剂的等级分类，将有助于我们选择适合的实验试剂，更方便我们进行实验。在中国国家标准中，一般将试剂划分为4个等级：一级试剂为优级纯，二级试剂为分析纯，三级试剂为化学纯，四级为实验试剂。定级的根据是试剂的纯度（含量）、杂质含量 、提纯的难易，以及各项物理性质。

（1）LR（laboratory reagent）：实验试剂，又称四级试剂。主成分含量高，纯度较低，杂质含量不做选择，只适用于一般化学实验和合成制备。

（2）CP（chemical pure）：化学纯试剂，又称三级试剂，一般瓶上用深蓝色标签。主成分含量高，纯度较高，存在干扰杂质，适用于化学实验和合成制备。

（3）AR（analytial reagent）：分析纯试剂，又称二级试剂，一般瓶上用红色标签。主成分含量很高，纯度较高，干扰杂质含量很低，适用于工业分析及化学实验。

（4）GR（guaranteed reagent）：优级纯试剂，又称一级试剂、保证试剂，一般瓶上用绿色标签。主成分含量很高、纯度很高，适用于精确分析和研究工作，有的可作为基准物质。

（5）PT（primary reagent）：基准试剂。基准试剂与它的化学式严格相符，纯度足够高，级别一般在优级纯以上，参加反应时按反应式定量地进行，不发生副反应。基准试剂可直接配制标准溶液的化学物质，也可用于标定其他非基准物质的标准溶液，实验室暂无储备时，一般可由优级纯试剂代替。

有时也根据用途来定级，例如光谱纯试剂、色谱纯试剂以及pH标准试剂等，其他分类详见表9-1。

（1）SP（spectrumpure）：光谱纯试剂，通常是指经发射光谱法分析过的、纯度较高的试剂。但由于有机物在光谱上显示不出，所以有时主成分达不到99.9%以上，使用时必须注意，特别是作基准物时，必须进行标定。

（2）色谱纯试剂：是指进行色谱分析时使用的标准试剂，在色谱条件下或进行相关实验时只出现指定化合物的峰，不出现杂质峰。

表9-1　常见试剂等级分类

缩写	全称	缩写	全称
AAS	原子吸收光谱	AR	分析纯试剂
BC	生化试剂	BP	英国药典

续表

缩写	全称	缩写	全称
BR	生物试剂	BS	生物染色剂
CP	化学纯	CR	化学试剂
EP	特纯	FCP	层析用
FMP	显微镜用	FS	合成用
GC	气相色谱用	GR	优级纯试剂
HPLC	高压液相色谱用	Ind	指示剂
IR	红外吸收光谱	LR	实验试剂
MAR	微量分析试剂	NMR	核磁共振光谱
OAS	有机分析标准	PA	分析用
Pract	实习用	PT	基准试剂
Puriss	特纯	Purum	纯
SP	光谱纯	Tech	工业用
TLC	薄层色谱	UP	超纯
USP	美国药典	UV	紫外分光光度纯
JX	教学试剂	MI	医药级

9.2 常用培养基

常用培养基包括 YEB 培养基、LB 培养基、YPDA 培养基、YEP 培养基、MS 固体培养基，具体配制方法如下：

(1) YEB 培养基（1 L）：胰蛋白胨 5 g、酵母提取物 1 g、牛肉浸膏 5 g、七水硫酸镁 0.5 g，固体则加 15 g 琼脂，ddH_2O 补足至 1 L。

(2) LB 培养基（1 L）：胰蛋白胨 5 g、酵母提取物 1 g、NaCl 10 g，ddH_2O 补足至 1 L。

(3) YPDA 培养基（1 L）：胰蛋白胨（与 LB 培养基中的不同）2 g、酵母提取物 1 g、麦芽糖 2 g、硫酸腺嘌呤 8 mg、Agar 1.8 g，ddH_2O 补足至 1 L。

(4) YEP 培养基（1L）：牛肉浸膏 10 g、酵母提取液 10 g、NaCl 5 g，调 pH 值至 7.0，ddH_2O 补足至 1 L。

(5) MS 固体培养基（1 L）：2.37 g MS 粉末、30 g 蔗糖，调 pH 值至 5.8，加 8 g 琼脂，ddH_2O 补足至 1 L。

9.3 常用试剂、缓冲液

(1) 实验中的各种水。

蒸馏水也叫单蒸水（distilled H_2O，dH_2O）：指经过一次蒸馏的水。

双蒸水（double distilled H_2O，ddH_2O）：也叫重蒸水，是经过两次蒸馏的水。还有三蒸水，是经过 3 次蒸馏的水。

RO 水：反渗透水（reverses osmosis），通过多级过滤，去掉了水中的微生物和大分子化合物质，但水中仍含有少量离子，水质呈弱酸性，纯度一般高于单蒸馏水。水质以电导率（$us \cdot cm^{-1}$）表示，数值应小于 10 $us \cdot cm^{-1}$。

UP 水：超纯水（ultralpure water），通过一系列方法将水中的电解质几乎完全去除，几乎不含除水以外的离子和矿物质，同时气体含量也降到最低，故水质以电阻率（MΩ×cm）表示，纯水要求数值大于 18MΩ×cm。

（2）不同浓度酒精的配制。

无水乙醇价格较高，故常用 95％的酒精配制各种浓度酒精。配制方法很简便，用 95％的酒精加上一定量的蒸馏水即可。可按公式推算：［原酒精浓度值（95％）－最终酒精浓度值］×100＝所需加水量。不同酒精浓度配制见表 9-2。

表 9-2　不同酒精浓度配制

最终酒精浓度/％	95％酒精用量/mL	蒸馏水量/mL
85	85	10
75	75	20
70	70	25
50	50	45
30	30	65

（3）不同 pH 值的 Tris 缓冲液。

缓冲液是指一类能够维持一定范围内 pH 值的试剂，基因工程中理想的缓冲液应具备以下特点：对多种化学试剂或酶是惰性的；在水溶液中能完全溶解却又未必会扩散进生物膜，不会影响细胞内的 pH 值；不受盐和温度效应影响；不吸收可见光或紫外光。Tris 盐溶液是一种比较理想的 pH 缓冲液，表 9-3 是 0.05 $mol \cdot L^{-1}$ Tris 缓冲液的配制方法。将 50 mL 0.1 $mol \cdot L^{-1}$ Tris 碱溶液与表 9-3 所示相应体积的 0.1 $mol \cdot L^{-1}$ HCl 混合，加水至 100 mL，即为相应 pH 值的 0.05 $mol \cdot L^{-1}$ Tris 缓冲液。

表 9-3　不同 pH 值的 Tris 缓冲液配制

最终 pH 值（25 ℃）	所需 0.1 $mol \cdot L^{-1}$ HCl 体积/mL
7.1	45.7
7.2	44.7
7.3	43.7
7.4	42.0
7.5	40.3
7.6	38.5
7.7	36.6

最终 pH 值（25 ℃）	所需 0.1 mol·L^{-1} HCl 体积/mL
7.8	34.5
7.9	32.0
8.0	29.2
8.1	26.2
8.2	22.9
8.3	19.9
8.4	17.2
8.5	14.7

（4）磷酸盐缓冲液（PBS）：137 mmol·L^{-1} NaCl、2.7 mmol·L^{-1} KCl、10 mmol·L^{-1} Na_2HPO_4、2 mmol·L^{-1} KH_2PO_4。

用 800 mL 蒸馏水溶解 8 g NaCl、0.2 g KCl、1.44 g Na_2HPO_4 和 0.24 g KH_2PO_4。用 HCl 调节溶液的 pH 值至 7.4，加水至 1 L。分装后进行高压蒸汽灭菌或过滤除菌，室温保存。PBS 是一种通用试剂，本实验列出的配方缺乏双价阳离子，如果需要，可补加 1 mmol·L^{-1} $CaCl_2$ 和 0.5 mmol·L^{-1} $MgCl_2$。

（5）10×Tris EDTA（TE）：

pH=7.4

100 mmol·L^{-1} Tris-HCl（pH=7.4）

10 mmol·L^{-1} EDTA（pH=8.0）

pH=7.6

100 mmol·L^{-1} Tris-HCl（pH=7.6）

10 mmol·L^{-1} EDTA（pH=8.0）

pH=8.0

100 mmol·L^{-1} Tris-HCl（pH=8.0）

10 mmol·L^{-1} EDTA（pH=8.0）

高压蒸汽灭菌 20 min，室温保存。

（6）电泳缓冲液。常见电泳缓冲液配制见表 9-4。

表 9-4　常见电泳缓冲液配制

电泳缓冲液	母液
Tris-乙酸（TAE）	50× 242 g Tris 碱 57.1 mL 冰醋酸 100 mL 0.5 mol·L^{-1} EDTA（pH=8.0）
Tris-硼酸（TBE）	5× 54 g Tris 碱 27.5 g 硼酸 20 mL 0.5 mol·L^{-1} EDTA（pH=8.0）

续表

电泳缓冲液	母液
Tris-磷酸（TPE）	10× 242 g Tris 碱 15.5 mL 磷酸（85%，1.68 g·mL^{-1}） 100 mL 0.5 mol·L^{-1} EDTA（pH=8.0）

（7）6×loading buffer（1 mL）：

聚蔗糖 150 μL、0.5 mol·L^{-1} EDTA（pH=8.0）60 μL、ddH_2O 790 μL，加荧光染料（Gel stain 5 μL，SYBER Green1 2.5 μL ）。

（8）0.5 mol·L^{-1} EDTA，pH=8.0（100 mL）：

80 mL 水中加入约 1.5 g 固体 NaOH，再加入 18.61 g EDTA，70 ℃左右水浴溶解后再加入约 0.5 g NaOH 调 pH 值至 8.0 ，高压灭菌。

9.4 常用抗生素和植物激素

常用抗生素和植物激素如下：

（1）氨苄西林（ampicillin）溶于水，配制 100 mg·mL^{-1} 母液，过滤除菌，−20 ℃分装储存，使用时添加培养基中稀释，添加培养基终浓度为 25～50 μg·mL^{-1}。

（2）羧苄西林（carbenicillin）溶于水，配制 50 mg·mL^{-1} 母液，过滤除菌，−20 ℃分装储存，使用时添加培养基中稀释，添加培养基终浓度为 25～50 μg·mL^{-1}。

（3）甲氧西林（methicillin）溶于水，配制 100 mg·mL^{-1} 母液，过滤除菌，−20 ℃分装储存，使用时添加培养基中稀释，添加培养基终浓度为 37.5 μg·mL^{-1}，常与 100 μg·mL^{-1} 氨苄西林一起使用。

（4）潮霉素（hygromycin）溶于水和甲醇，配制 25 mg·mL^{-1} 母液，过滤除菌，−20 ℃分装储存，使用时添加培养基中稀释，添加培养基终浓度为 12.5～25 μg·mL^{-1}。

（5）卡那霉素（kanamycin）溶于水，配制 50 mg·mL^{-1} 母液，过滤除菌，−20 ℃分装储存，使用时添加培养基中稀释，添加培养基终浓度为 10～50 μg·mL^{-1}，−20 ℃分装储存。

（6）氯霉素（chloramphenicol）溶于乙醇，配制 25 mg·mL^{-1} 母液，过滤除菌，−20 ℃分装储存，使用时添加培养基中稀释，添加培养基终浓度为 12.5～25 μg·mL^{-1}。

（7）利福平（rifampicin）溶于甲醇或二甲亚砜（DMSO），配制 25 mg·mL^{-1} 母液，不用过滤除菌，−20 ℃分装储存，使用时添加培养基中稀释，添加培养基终浓度为 12.5～25 μg·mL^{-1}。

（8）链霉素（streptomycin）溶于乙醇，配制 50 mg·mL^{-1} 母液，过滤除菌，−20 ℃分装储存，使用时添加培养基中稀释，添加培养基终浓度为 10～50 μg·mL^{-1}。

（9）四环素（tetracycline），四环素盐酸盐溶于水，无碱的四环素溶于无水乙醇，配制 10 mg·mL^{-1} 母液，过滤除菌，−20 ℃分装储存，使用时添加培养基中稀释，添加培养基终浓度为10～50 μg・mL^{-1}。

(10) 奇霉素 (spectinomycin) 溶于水，配制100 mg・mL^{-1}母液，过滤除菌，−20 ℃分装储存，使用时添加培养基中稀释，添加培养基终浓度为50～100 μg・mL^{-1}，−20 ℃分装储存。

(11) 2，4-D溶于无水乙醇或95%乙醇，配制0.5 mg・mL^{-1}母液，4 ℃保存。如果出现沉淀，需要重新配制。使用时可加入培养基中稀释成所需浓度，随培养基一起进行高压蒸汽灭菌。

(12) α-NAA 先用少量1 mol・L^{-1} KOH 溶解，再用水稀释定容，配制0.5 mg・mL^{-1}母液，4℃保存。使用时可加入培养基中稀释成所需浓度，随培养基一起进行高压蒸汽灭菌。

(13) 6-BA 溶于稀盐酸 (1%)，配制0.5 mg・mL^{-1}母液，4 ℃保存。使用时可加入培养基中稀释成所需浓度，随培养基一起进行高压蒸汽灭菌。

(14) 乙酰丁香酮 (As) 溶于二甲亚砜 (DMSO)，配制100 mmol・L^{-1}母液，过滤除菌后（使用有机滤膜），分装入无菌小管，−20 ℃冰冻保存。

(15) KT (kenetin) 先用少量1 mol・L^{-1} KOH 溶解，再用水稀释定容，配制0.5 mg・mL^{-1}，过滤除菌后，分装入无菌小管，−20 ℃冰冻保存。

第 10 章　基因工程常用数据库和软件介绍

基因工程常用的数据库主要可分为两类，即基本数据库和二级数据库。基本数据库是指最原始数据库，其中有核酸序列、蛋白质序列等信息。二级数据库则主要是对基本数据库进行分析、提炼、加工而成的库，目的是使原始数据更方便地被生物学家所使用，如对核酸、蛋白质序列的结构和功能进行注释、预测和分析等。每个数据库中应至少包括两方面的内容：原始数据（如核酸、蛋白序列）和对这些数据的生物学注释。不同数据库类型对原始数据和序列注释的侧重点有所不同，从而可以表现出不同数据库各自的特点。本章介绍了核酸序列 GenBank 数据库和 EMBL 数据库。除此之外，基因工程还经常用到引物设计软件 Primer Premier、序列编辑软件 DNAMAN、识别质粒图谱和处理实验图片的基本方法等，本章对此进行了介绍。

10.1　核酸数据库

核酸数据库主要是收录了各种物种核酸信息的一类数据库，包括各种 DNA、cDNA、RNA 以及人工合成序列等。目前，全球最主要的两个核酸数据库为 GenBank 数据库和 EMBL 数据库。

GenBank 数据库：所属机构为美国国家生物技术信息中心（National Center for Biotechnology Information，NCBI），网址为：https：//www. ncbi. nlm. nih. gov/genbank，如图 10-1 所示。

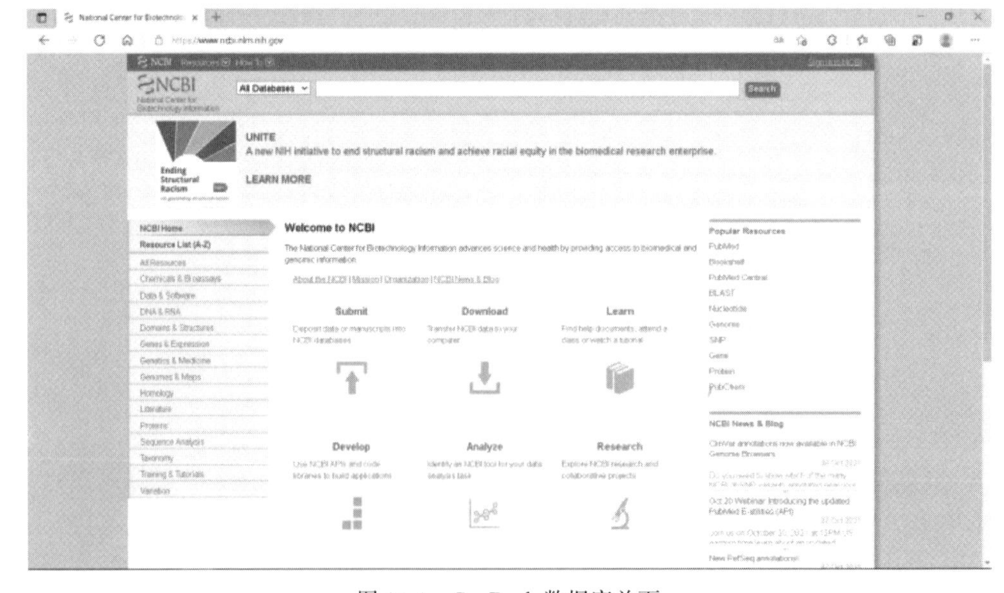

图 10-1　GenBank 数据库首页

使用 GenBank 数据库时，可以通过 GenBank 序列号、基因编号、种属分类、关键词、作者等搜索、查询目标序列。如需了解 GenBank 的详细使用方法，可以通过网址 https：//www.ncbi.nlm.nih.gov/books/NBK21101/ 查询或下载 NCBI 使用手册，如图 10-2 所示。

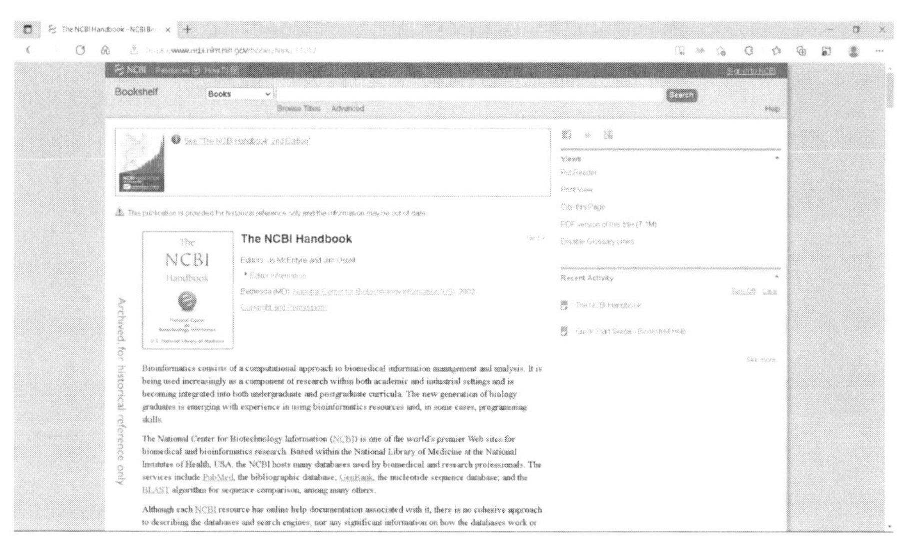

图 10-2　GenBank 使用手册网页

EMBL 数据库：所属机构为欧洲生物信息研究所（European Bioinformatics Institute，EBI），网址为：https：//www.ebi.ac.uk/embl，如图 10-3 所示。

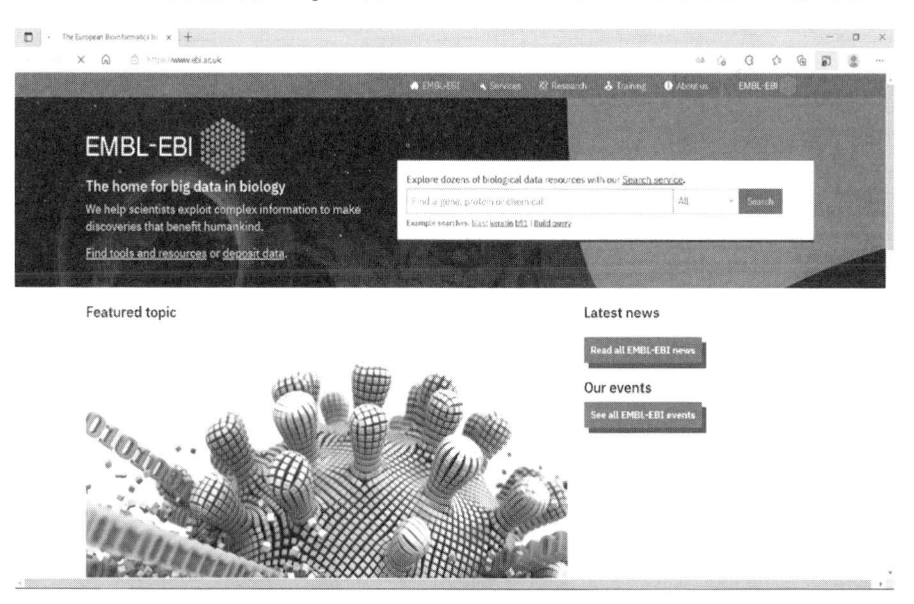

图 10-3　EMBL 数据库网页

EMBL 数据库的搜索页面与 GenBank 数据库差异较大，但两者包含的记录标准和内容是一致的。同时，两个数据库之间的数据信息是可以相互交换的，如果用户在一个数据库上上传了序列，另一个数据库上也能搜索到相关信息。

10.2 蛋白质序列数据库

蛋白质序列数据库和核酸序列数据库一样也是由基础数据库和二级数据库组成的，其中最著名的数据库是 UniProt 数据库。

UniProt 数据库是由欧洲生物信息学研究所（European Bioinformatics Institute，EBI）、瑞士生物信息学研究所（Swiss Institute of Bioinformatics，SIB）及蛋白质信息资源库（Protein Information Resource，PIR）所拥有的数据库共同联合而成的数据库。EBI 与 SIB 共同创建了 Swiss-Prot 与 TrEMBL 两个数据库，而 PIR 创建了蛋白质序列数据库（Protein Sequence Database，PIR-PSD）。2002 年，这三家机构决定将这几个数据库合并，从而组成了 UniProt 数据库，旨在为现代生命科学研究者提供一个有关蛋白质序列及其相关功能方面广泛的、高质量的并且可免费使用的共享数据库。UniProt 的网址为 https：//www. uniprot. org，如图 10-4 所示。

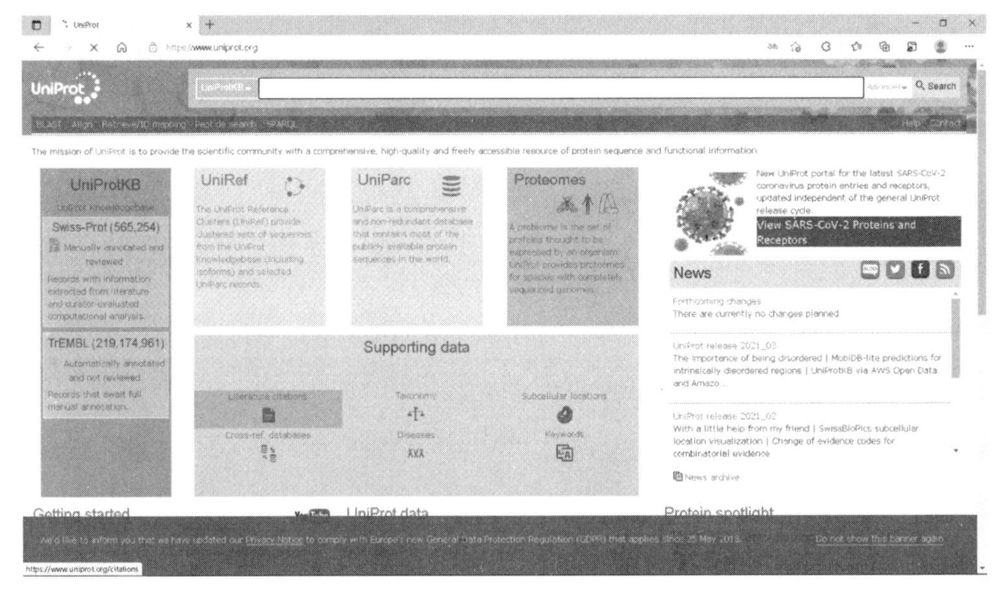

图 10-4 UniProt 数据库网页

10.3 引物设计软件 Primer Premier

软件 Primer Premier 是用于引物设计与分析的常用软件。该软件可以综合分析考虑引物设计中的各种影响因素，如引物间温度差异、是否错配、是否形成引物二聚体和发夹结构等，从而最大限度地设计出理想的引物。Primer Premier 还可以根据用户的个性化要求，根据设定选择不同的引物长度、退火温度等。其主要界面分为以下几个功能：GeneTank（序列编辑）、Primer（引物设计）、Restriction Enzyme Analysis（限制性内切酶分析）、Motif Analysis（基序分析）。使用 Primer Premier 设计引物的基本操作如下：

10.3.1 Edit Primer 引物编辑窗口

网上查找目标基因序列，打开软件进入编辑窗口。用户可以方便地使用剪切(Ctrl+X)、拷贝（Ctrl+C)、粘贴（Ctrl+V）等快捷键将引物序列导入软件进行操作，也可以手工键入核酸序列。核酸序列导入后，点击 Primer 按钮即可分析编辑后的引物。Primer 操作窗口如图 10-5 所示。

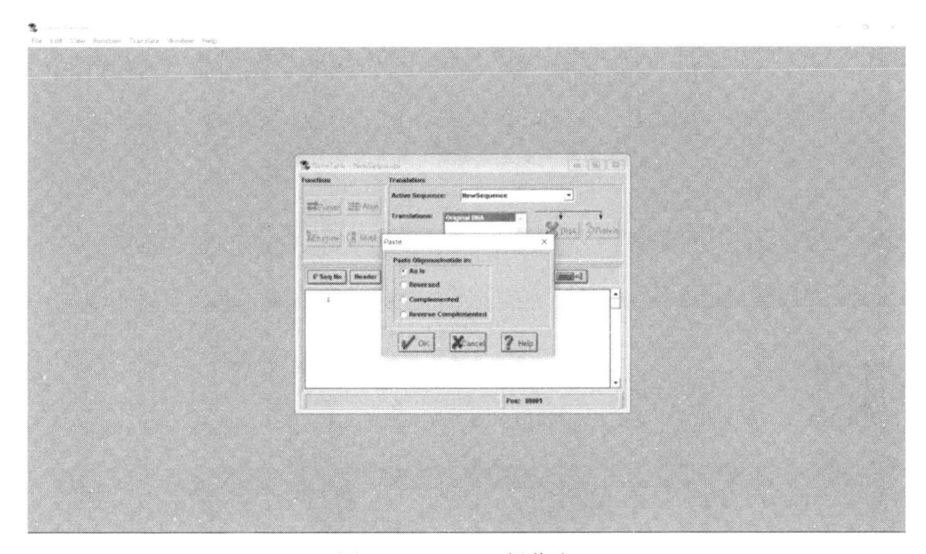

图 10-5　Primer 操作窗口

10.3.2 Search Criteria 搜索标准窗口

Primer Premier 进入引物设计界面后可以清楚地看到引物和序列的结合位点，下方界面还可以根据 PCR 引物、测序引物或杂交探针的不同要求来调整自动搜索的标准。点击 Search 按钮进入引物设计界面，如图 10-6 所示。

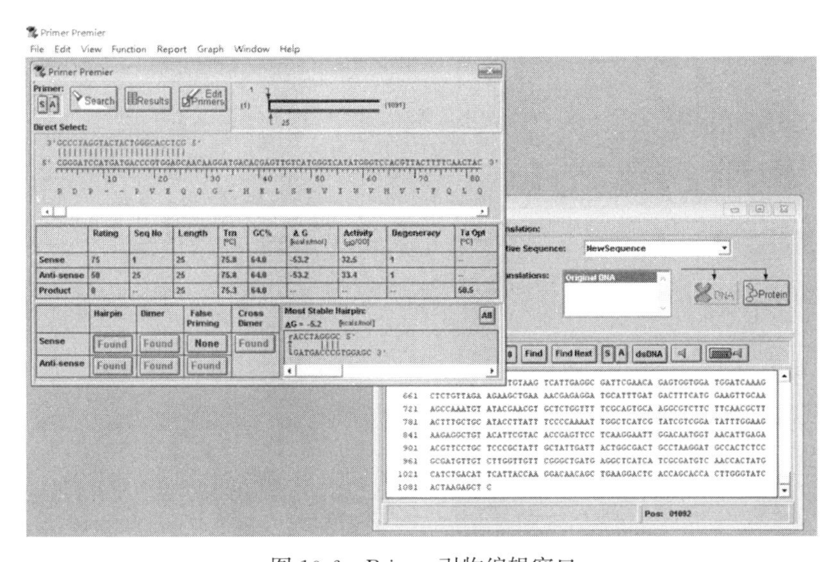

图 10-6　Primer 引物编辑窗口

搜索标准窗口的 Search Type（搜索类型）可以指定搜索一对引物、单个引物、两条单独引物或反向引物。Search Range（搜索范围）在默认条件下是当前序列的全长。Primer Length（引物长度）在默认条件下为 100 bp 到 500 bp 。Search Mode（搜索模式）可以为自动或手动，一般情况建议使用自动搜索，在软件给出多条引物后，再从中挑选符合要求的引物来使用。Primer 引物设置界面如图 10-7 所示。

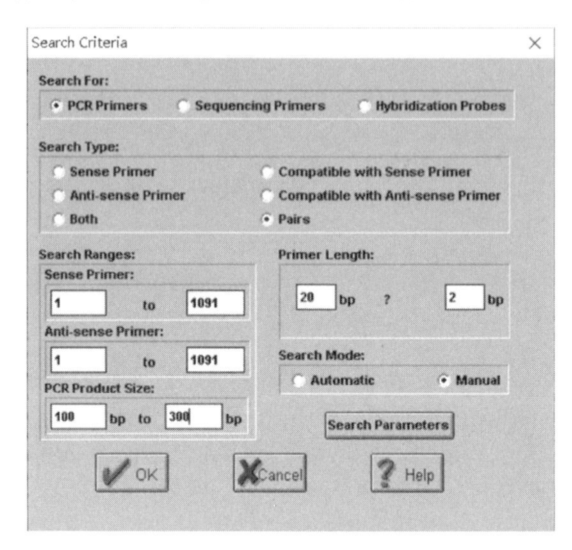

图 10-7　Primer 引物设置界面

10. 3. 3　Search Parameter Windows 搜索参数窗口

搜索参数是可以改变的，用户可以采用自动搜索方法或手动搜索方法。即使是在自动搜索方式中，用户也可以点击去掉相应参数左边框中的“J /”，从而不考虑该参数。自动搜索出的每对引物软件会给出一定的评分，一般评分越高效果越好，用户也可以手动选择该引物，左边界面会显示引物具体信息和评分高低的原因，如图 10-8 所示。

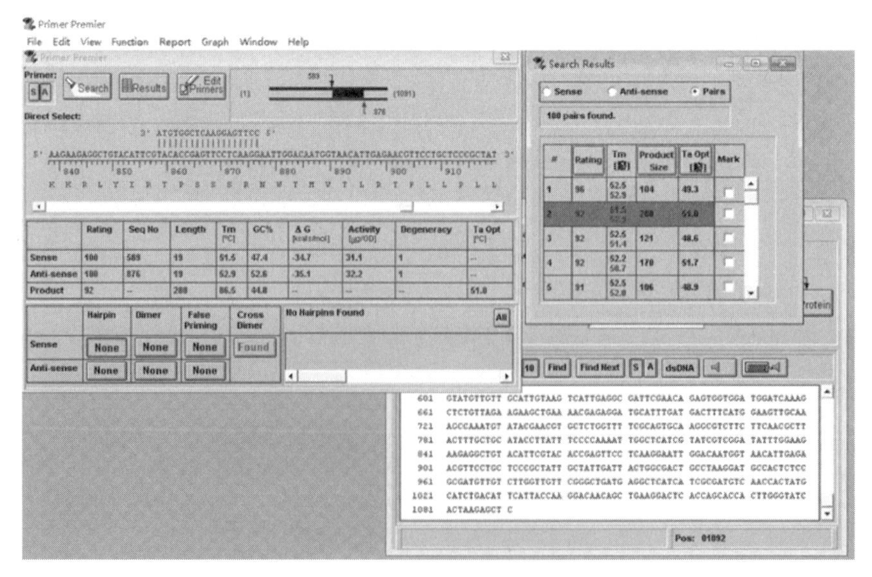

图 10-8　Primer 引物评分界面

10.3.4 Multiplex/Nested Primer 复式及巢式 PCR 引物设计窗口

巢式 PCR 反应通常在模板 DNA 浓度太低或不纯时采用，它可以大幅提高灵敏度并减少非特异性扩增产物。通过自动或个人设定得到搜索结果后，选中所需引物，再选择菜单 Function > Multiplex/Nested Primers 选项即可打开本窗口，如图 10-9 所示。

所有前述所选引物与全序列以图形显示在窗口顶部。所有备选引物以竖线形式在顶部图框中显示，并以蓝色三角形（正向引物）或红色三角形（反向引物）在下面的放大框中显示。点击三角形后，三角形由空心变为实心，表明已经被选中。Primer Premier 可即时分析所有已选引物并显示它们之间可能存在的交叉二聚体。通过选择或去除引物，就可以找到一组没有或很少稳定交叉二聚体的引物。

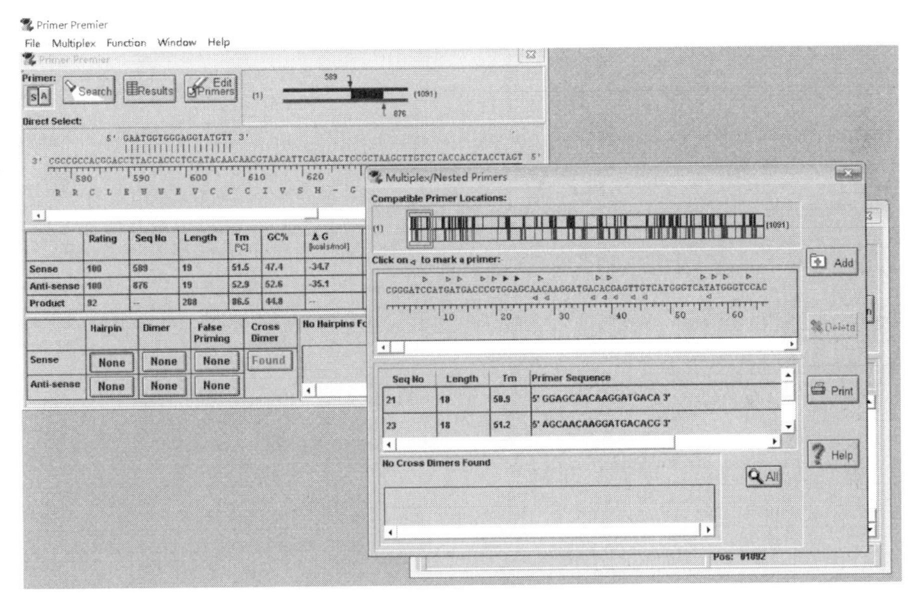

图 10-9 Primer 引物信息界面

10.4 序列编辑软件 DNAMAN

序列编辑软件 DNAMAN 是美国 Lynnon Biosoft 公司开发的高度集成化的分子生物学应用软件，几乎可完成所有日常核酸和蛋白质序列分析工作，包括多重序列比对、PCR 引物设计、限制性内切酶酶切分析、蛋白质分析、质粒绘图等。

10.4.1 主要功能

（1）序列编辑：包括新建一个序列、打开一个序列以及不同格式序列间的转换。

（2）序列搜索：核酸特定序列的搜索，从核酸序列 6 个阅读框架翻译到蛋白质进行氨基酸特定序列搜索、重复序列的搜索和发夹结构序列搜索。

（3）核酸序列比较：二序列比对和多序列比对，分析序列间同源性关系，根据同源性比对结果画进化树。

（4）点阵分析：可以用于在两条不同的核酸或者蛋白质序列中查找同源片段。

（5）引物设计：可分析设计出引物的 T_m值、GC 百分比、引物二聚体、引物错配等。

（6）限制性内切酶位点分析：分析酶切位点并作出图谱、可供不改变氨基酸序列的前提下对 DNA 序列进行沉默突变设计。

（7）氨基酸序列分析：从核酸序列翻译到蛋白序列，从蛋白序列逆翻译到核酸序列、蛋白疏水/亲水残基分析、*P* 值分析（序列比对检验）、一级结构预测等。

（8）自建数据库：可对数据进行查找、修改管理。

10.4.2　使用方法（以 DNAMAN 4.0 为例）

（1）选择菜单 Sequence/Alignment/Multiple sequence alignent。

（2）在弹出窗口中选择 Add file 按钮，相关按钮作用如下：

Add File 按钮：选择需要比对的序列文件，支持两种格式——seq 和 msd，需要事先将自己的序列存成这两种格式。

Add Dbase 按钮：从用户自建的数据库中载入数据，需要用户事先建立自己的数据库。

Remove Selected 按钮：清除不需要的序列。

Remove All 按钮：清空全部载入的序列。

Type 单选按钮：选择输入的序列是蛋白序列还是 DNA 序列。

Alignment 可以选择 fast alignment 和 optimal alignment 两种方式，结果可能有所不同，可以自由选择。

（3）选择确定按钮，得到比对结果。

（4）在弹出的窗口中，相关按钮的作用如下：

Options 按钮：可以改变比对结果颜色等参数。

Output 按钮：选择 Tree 选项画进化树。

10.5　识别质粒图谱的基本方法

10.5.1　一个合格质粒的组成要素

（1）复制起始位点 Ori 即控制复制起始的位点。原核生物 DNA 分子中只有一个复制起始位点，而真核生物 DNA 分子有多个复制起始位点。

（2）抗生素抗性基因更便于筛选，如 Amp、Kan。

（3）多克隆位点 MCS，质粒中插入外源基因片段的部位。

（4）P/E 启动子/增强子。

（5）Terms 终止信号。

（6）加 poly(A) 信号可以起到稳定 mRNA 的作用。

10.5.2 如何阅读质粒图谱

第一步：看 Ori 的位置，了解质粒的类型（原核/真核/穿梭质粒）。

第二步：看筛选标记，如抗性，决定使用什么筛选标记。常见抗性筛选标记基因如下：

（1）Amp^r，产物能水解 β-内酰胺环，能用氨苄青霉素筛选。

（2）tet^r 可以阻止四环素进入细胞，即四环素筛选标记。

（3）neo^r（kan^r）氨基糖苷磷酸转移酶使 G418（卡那霉素衍生物）失活。

（4）hyg^r 使潮霉素 B 失活。

第三步：看多克隆位点（MCS）。多克隆位点具有多个限制酶的单一切点，便于外源基因的插入。决定能不能放目的基因以及如何放置目的基因。

第四步：看外源 DNA 插入片段大小。质粒一般只能容纳小于 10 kb 的外源 DNA 片段。一般来说，外源 DNA 片段越长，越难插入，越不稳定，转化效率越低。

第五步：是否含有表达系统元件，即启动子—核糖体结合位点—克隆位点—转录终止信号，可用来区别克隆载体与表达载体。克隆载体中加入一些与表达调控有关的元件即成为表达载体。选用哪种载体，还是要以实验目的为准。常见表达元件为：启动子—核糖体结合位点—克隆位点—转录终止信号。

（1）启动子可促进 DNA 转录的 DNA 顺序，这个 DNA 区域常在基因或操纵子编码顺序的上游，是 DNA 分子上可以与 RNApol 特异性结合并使之开始转录的部位，但启动子本身不被转录。

（2）增强子/沉默子在真核基因组（包括真核病毒基因组）中的作用是增强邻近基因转录过程的调控顺序。其作用与增强子所在的位置或方向无关，即在所调控基因上游或下游均可发挥作用。

（3）核糖体结合位点/起始密码/SD 序列（Rbs/AGU/SDs）：mRNA 有核糖体。

（4）转录终止顺序（终止子）/翻译终止密码子：结构基因的最后一个外显子中有一个 AATAAA 的保守序列，此位点 down-stream 有一段 GT 或 T 富丰区，这两部分共同构成 poly(A) 加尾信号。结构基因的最后一个外显子中有一个 AATAAA 的保守序列，此位点 down-stream 有一段 GT 或 T 富丰区，质粒图谱上有的箭头顺时针，有的箭头逆时针，那其实是代表两条 DNA 链，即质粒是环状双链 DNA，它的启动子等在其中一条链上，而它的抗性基因在另一条链上。

10.6 实验图片的处理

基因工程的研究离不开科研实验，而实验的结果通常都是以图片的形式直观地展示出来。一张好的图片不仅能更好地表达文义，更能大幅度提高实验结果的说服力，在进行结果汇报甚至论文写作中尤其重要。从实验结果到最终成文，图片需要经过获取、保存、修复、再编辑及设计与制作等步骤，涉及多个软件的联合使用。本节将围绕科研论文中的图片类型、常见图片格式、图像分辨率、色彩模式、图片

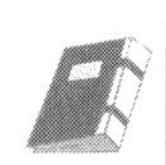

处理等内容进行阐述。

10.6.1 图片类型（位图与矢量图）

几乎所有以数据流形式存在的图片格式都可以分为两类，即位图与矢量图。

位图也称点阵图像，由像素（dots per inch，dpi）组成，而每个像素记录着一种颜色，这些像素按照一定的顺序排列和染色就组成了一幅图像。因此对于确定长宽的位图来说，像素点越多画质就越好，而我们常说的图片分辨率也是指位图中像素点的总和。例如相机分辨率为 30 万，其含义为横向 640 像素和纵向 480 像素（如 VGA 显示器）的乘积，即 640×480＝307200 像素。位图是各种相机记录图像的方式，包括相机、显微镜和扫描设备等常用科研成像仪器。此外，截图及利用软件另存为位图格式而产生的图片也属于位图。常见的位图格式有 BMP、JPG（JPEG）、PNG、GIF 等。

矢量图亦称绘图图像，其图形元素具有颜色、大小、方向、形状等矢量特性。通俗来讲，矢量图像最大的特点就是图片可以无限放大，而且不会模糊。矢量图像均由矢量软件生成，如 Office 办公软件、Adobe Illustrator（AI）、CAD、SPSS、CorelDRAW、Graphpad Prism 等。矢量图像具不失真、再编辑性强、文件占用空间小等特点，但是矢量图像的色域较小，也就是色彩鲜艳度要弱于位图图像。常见的矢量图格式有 PDF、AI、CDR、DGW、EMF、EPS 等。

值得注意的是，在实践操作中矢量图可以转变为任何格式的位图，且分辨率的大小可以自由设定，但同时丧失它的矢量特性。

10.6.2 常见图片格式

在图片的保存过程中，经常会遇到各种各样的图片格式，这些图片存储格式对图片的品质与文件大小有很大的影响。这里介绍几种科研论文中常见的图片格式，即 BMP、JPG/JPEG、TIF/TIFF、PNG 和 PDF 格式。

BMP 格式是一种位映射存储格式，不支持文件压缩，其优点是图片质量好，保存了最原始的信息，但缺点是文件非常大，不利于传输。JPG/JPEG 格式是目前网络上最流行的图片格式，是可以把文件压缩到最小的格式，但如果设置不合理，压缩后图片品质会大幅度降低。TIF/TIFF 格式是最复杂的图片格式，它可以储存丰富的图片编辑信息，例如 PS 软件中的图层和色彩信息，虽然文件较大，但可以通过 LZW 无损压缩文件，因此 TIF/TIFF 格式是科研论文中最常用的格式。PNG 格式是一种网络图形格式，它具有文件体积小、无损压缩、更丰富的色彩及透明效果等特点，但通用性较差，很多处理软件无法识别这类格式。PDF 全意为“可携带文档格式”，严格来说是一种文档格式，但是 PDF 中的图片也可通过软件直接提取和进行编辑。PDF 格式因其将文字、字形、格式、颜色及分辨率等信息集成存放，所以集成度和安全可靠性都非常高，十分便于传输和阅读。

10.6.3 图像分辨率

图像分辨率指图像中单位长度内像素点的数量，它的单位为像素每英寸（pixels

per inch，ppi 或者 dots per inch，dpi）。分辨率的高低决定了图片的精细程度。通常，电子屏幕上的图片分辨率只需要 72 dpi 就可以清晰显示，而图片需要打印清晰的话则要求图片分辨率达到 300 dpi 以上，线条类的图甚至要求分辨率达到 1000 dpi 以上。而科研论文对图片分辨率的要求为印刷水平，甚至更高。

10.6.4 色彩模式

色彩模式是表示颜色的一种算法。根据算法的不同分为 RGB（Red、Green、Blue）、CMYK（Cyan＝青色，又称为“天蓝色”；Magenta＝品红色，又称为“洋红色”；Yellow＝黄色；Black＝黑色，区别于 Blue）等色彩模式。RGB 以红、黄、蓝三原色为基础，每种颜色又含有 0～255 级亮度，按照计算，256 级的 RGB 色彩总共能组合出约 1678 万种色彩，即 256×256×256＝16777216。而 CMKY 每种颜色使用从 0 至 100％的值，所 CMKY 的色彩范围要低于 RGB，这也是为什么我们常会感觉打印出来的图片没有显示屏上的鲜艳。

RGB 模式主要用于电子屏幕，也叫屏幕色彩三原色，而 CMYK 模式主要用于打印，常称为印刷四色。两种色彩模式可以相互转换，但因为 RGB 模式包含的色彩范围要大于 CMKY，所以 RGB 转 CMKY 时容易出现色彩差异。

10.6.5 图片处理

图片的获取与保存是科研论文图片处理的第一步，也是至关重要的一步。因原始图片保存不当，且无法通过其他途径补救而导致长期的实验或操作付之一炬的事例屡见不鲜。用合适的方法将原始图片最好的品质保存下来，不仅能更好地保证实验结果，同时也能为后期图片的再编辑提供更大的操作空间。

1. 图片的获取

用移动相机拍摄标本的时候要将照片拍摄清晰，注意采光，尽量保持相机与标本之间水平，拍摄同类型的标本时尽量使焦距一致，同时将目标区域拍全，必要的时候还需要加上标尺。而内置相机拍摄切片或者涂片标本时，还需注意适度调整光源以减少色偏，调整亮度与对比度，且需要加上标尺。此外固定成像仪和成像系统按操作手册获取图像，按需要格式保存。

2. 图片的保存

首先需要判断图片的来源是矢量图还是位图，两者的保存方法截然不同。位图保存的要点在于尽量减少图片品质的损失。注意备份好原图，原图的格式尽量保存为 TIF/TIFF 格式，而不是有损压缩的 JPG/JPEG 格式。且图片最好用图片格式保存，而不要保存在 Word、PPT 及 PDF 文档里。矢量图保存的要点在于保存图片的矢量特性，矢量图不可截图保存，或者保存为任何位图格式，因为矢量图一旦变成位图，就会丧失图片的矢量特性。

3. 图片的编辑

图片的制作规范分为两部分，一部分是基本规范，另一部分则是论文或向杂志投稿的要求。基本规范指图片需要整齐、美观、添加标注、统一字体类型与线条粗细等，而杂志对图片的要求一般包括图片的分辨率、尺寸、颜色模式、字体类型、文档大小、图片格式及是否可编辑等，且不同杂志的要求不一样。在制作图片之前，必须仔细阅读所投杂志对于图片的具体要求，并在基本规范的基础上达到编辑的要求。本书根据常用期刊的数据，给出如下参考值。

（1）图片格式：

位图：TIFF 或 JPG。矢量图：PDF 或 EPS。

（2）分辨率：

图表：1000 dpi。灰度图：600 dpi。彩色图：≥300 bpi。

（3）图片尺寸：

1 栏图：宽约 8 cm。2 栏图：宽 17～18 cm。

（4）字体类型：

字体：Arial 或 Times New Roman。字号：ABCD 标记推荐使用 12 pt，图片内文字推荐使用 6～10 pt。

（5）线条（坐标轴，误差线等）：0.35～1.5 pt，推荐 1 pt。

（6）文件大小：<10 M。

参考文献

[1] 巴克. 分子生物学实验室工作手册 [M]. 王维荣，黄伟达，等译. 北京：科学出版社，2005.

[2] 顾红雅，瞿礼嘉，明小天，等. 植物基因与分子操作 [M]. 北京：北京大学出版社，1995.

[3] 萨姆布鲁克，拉塞尔. 分子克隆实验指南 [M]. 黄培堂，等译. 北京：科学出版社，2015.

[4] 李燕. 精编分子生物学实验技术 [M]. 西安：世界图书出版公司，2017.

[5] 龙敏南，楼士林，杨盛昌，等. 基因工程 [M]. 北京：科学出版社，2014.

[6] 马文丽. 分子生物学实验手册 [M]. 北京：人民军医出版社，2011.

[7] 彭银祥，李勃，陈红星. 基因工程 [M]. 武汉：华中科技大学出版社，2007.

[8] 王关林，方宏筠. 植物基因工程 [M]. 北京：科学出版社，2002.

[9] 吴乃虎. 基因工程原理 [M]. 北京：科学出版社，1998.

[10] 薛建平，司怀军，田振东. 植物基因工程 [M]. 合肥：中国科学技术大学出版社，2008.

[11] 袁婺洲. 基因工程 [M]. 北京：化学工业出版社，2019.

[12] 朱旭芬. 基因工程实验指导 [M]. 北京：高等教育出版社，2016.

[13] 周岩，赵俊杰. 基因工程实验技术 [M]. 郑州：河南科学技术出版社，2011.

[14] 张惠展. 基因工程 [M]. 上海：华东理工大学出版社，2005.

[15] 郑用琏. 基础分子生物学 [M]. 北京：高等教育出版社，2012.

[16] 朱玉贤，李毅，郑晓峰，等. 现代分子生物学 [M]. 北京：高等教育出版社，2019.

[17] 北京化学试剂公司. 化学试剂标准手册 [M]. 北京：化学工业出版社，2003.

[18] FANG Z M，JI Y Y，HU J，et al. Strigolactones and brassinosteroids antagonistically regulate the stability of D53-OsBZR1 complex to determine *FC1* expression in rice tillering [J]. Molecular Plant，2020，13 (4)：586-597.

[19] FANG Z M，WU B W，JI Y Y. The amino acid transporter OsAAP4 contributes to rice tillering and grain yield by regulating neutral amino acid allocation through two splicing variants [J]. Rice，2021，14 (1)：2.

[20] GAJ T，GERSBACH C A，BARBAS C F. ZFN，TALEN，and CRISPR/Cas-based methods for genome engineering [J]. Trends in Biotechnology，2013，31

(7)：397-405.

[21] HORII T，HATADA I. Genome engineering using the CRISPR/Cas system [J]. 世界医学遗传学，2014，4 (3)：69-76.

[22] JI Y Y，HUANG W T，WU B W，et al. The amino acid transporter AAP1 mediates growth and grain yield by regulating neutral amino acid uptake and reallocation in *Oryza sativa* [J]. Journal of Experimental Botany，2020，71 (16)：4763-4777.

[23] LU K，WU B W，WANG J，et al. Blocking amino acid transporter OsAAP3 improves grain yield by promoting outgrowth buds and increasing tiller number in rice [J]. Plant Biotechnology Journal，2018，16 (10)：1710-1722.

[24] WANG J，WU B W，LU K，et al. The amino acid permease 5 (OsAAP5) regulates tiller number and grain yield in rice [J]. Plant Physiology，2019，180 (2)：1031-1045.